Grollius
Technisches Zeichnen
für Maschinenbauer

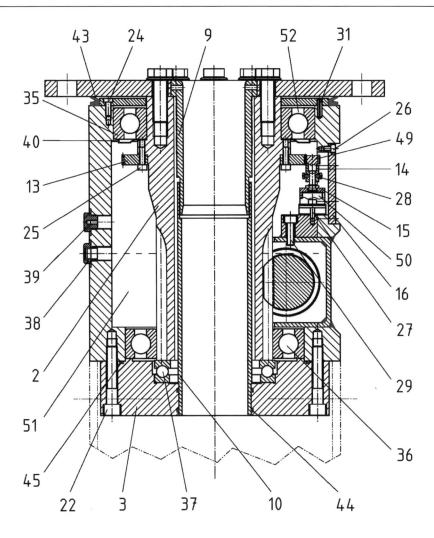

Horst-W. Grollius

Technisches Zeichnen für Maschinenbauer

2., aktualisierte Auflage

Mit 173 Bildern, 18 Tafeln und einem Anhang

 Fachbuchverlag Leipzig
im Carl Hanser Verlag

Univ.-Prof. Dr.-Ing. Horst-W. Grollius
Bergische Universität Wuppertal

Bibliografische Information der Deutschen Nationalbibliothek
Die Deutsche Nationalbibliothek verzeichnet diese Publikation in der Deutschen Nationalbibliografie; detaillierte bibliografische Daten sind im Internet über http://dnb.ddb.de abrufbar.

ISBN 978-3-446-43756-2
E-Book-ISBN 978-3-446-43703-6

Einbandbild: Siemens/Autor

Dieses Werk ist urheberrechtlich geschützt.
Alle Rechte, auch die der Übersetzung, des Nachdrucks und der Vervielfältigung des Buches oder Teilen daraus, vorbehalten. Kein Teil des Werkes darf ohne schriftliche Genehmigung des Verlages in irgendeiner Form (Fotokopie, Mikrofilm oder ein anderes Verfahren), auch nicht für Zwecke der Unterrichtsgestaltung, reproduziert oder unter Verwendung elektronischer Systeme verarbeitet, vervielfältigt oder verbreitet werden.

Fachbuchverlag Leipzig im Carl Hanser Verlag
© 2013 Carl Hanser Verlag München
www.hanser-fachbuch.de
Lektorat: Jochen Horn
Herstellung: Katrin Wulst
Satz: Beltz, Bad Langensalza
Druck und Bindung: Friedrich Pustet KG, Regensburg
Printed in Germany

Vorwort

Das vorliegende Buch soll insbesondere den Studierenden der Fachrichtung Maschinenbau an Universitäten, Fachhochschulen und Technikerschulen Hilfestellung bei der Erstellung von technischen Zeichnungen bieten.

Es ist in erster Linie als Lehrbuch gedacht, das begleitend zu Vorlesungen und Übungen in Verbindung mit einschlägigen Normen, aber auch zum Selbststudium genutzt werden kann. Darüber hinaus kann das Buch für all diejenigen, die in ihrer beruflichen Tätigkeit mit technischen Zeichnungen zu tun haben, zu Nachschlage- und Übungszwecken von Nutzen sein.

Der gestraffte Umfang des Buches trägt der von Politik und Industrie geforderten Reduzierung der Studienzeiten Rechnung.

Neben dem Lernen aus Büchern bieten sich den Studierenden heutzutage durch die mediale Vielfalt weitere Möglichkeiten für den Erwerb von Wissen, deren Nutzung zur weiteren Vertiefung auch dringend empfohlen wird. Allerdings könnte dadurch der Eindruck entstehen, dass der Wissenserwerb heute weniger Mühe macht als früher. Zur „Kultur der Anstrengung" besteht jedoch keine Alternative: Mit Selbstdisziplinierung sind Erkenntnisblockaden zu beseitigen und Verständnisprobleme zu meistern, um so die Genugtuung der den Widerständen abgerungenen eigenen Leistung zu erfahren.

Möge die Beschäftigung mit diesem Buch nicht nur Mühe bereiten, sondern den Leser nach dem Einstieg in die Grundlagen des technischen Zeichnens auch motiviert haben, sich noch weiter mit diesem wichtigen Gebiet der Technik zu befassen.

Der Verfasser dankt Herrn *Jochen Horn* vom Fachbuchverlag Leipzig im Carl Hanser Verlag für die vielen nützlichen Hinweise zur Gestaltung des Buches und die jederzeit gute Zusammenarbeit.

Weiterhin ist zu danken der Firma Technobox (Bochum), deren CAD-Software zur Erstellung von Bildern, Zeichnungen und Tafeln gedient hat.

Köln, im März 2013 *Horst-W. Grollius*

Inhaltsverzeichnis

1	**Einleitung**	9
2	**Normen**	10
	2.1 Allgemeines	10
	2.2 Arten von Normen	10
3	**Darstellungsmethoden**	11
	3.1 Allgemeines	11
	3.2 Projektionsmethode 1	11
	3.3 Projektionsmethode 3	13
	3.4 Pfeilmethode	15
4	**Darstellung von Bauteilen**	16
	4.1 Darstellung mittels Projektionsmethode 1	16
	4.2 Darstellung mittels Schnitten	19
	4.2.1 Allgemeines	19
	4.2.2 Vollschnitt, Halbschnitt und Teilschnitt	20
	4.2.3 Kennzeichnung des Schnittverlaufs	20
	4.2.4 Besonderheiten bei Schnittdarstellungen	22
	4.3 Besondere Darstellungsmöglichkeiten	29
	4.3.1 Bauteile mit Symmetrieachsen	29
	4.3.2 Kegel- oder keilförmige Bauteile	29
	4.3.3 Kennzeichnung ebener Flächen	30
	4.3.4 Auf Lochkreis angeordnete Bohrungen	30
	4.3.5 Hervorheben von Einzelheiten	31
	4.3.6 Andeutung eines Fertigungsschrittes	32
	4.3.7 Schräg liegende Bauteilbereiche	32
5	**Bemaßung von Bauteilen**	34
	5.1 Allgemeines	34
	5.2 Schriftarten	34
	5.3 Elemente der Maßeintragung	35
	5.4 Bemaßung von Drehteilen	36
	5.5 Bemaßung von Frästeilen	37
	5.6 Bemaßung von Neigungen und Verjüngungen	39
	5.7 Bemaßung von Kegeln	41
	5.8 Bemaßung von Radien und Durchmessern	42
	5.9 Bemaßung von Kugeln	45
	5.10 Bemaßung von Bögen	46
	5.11 Bemaßung von Fasen und Senkungen	46
	5.12 Bemaßung von Teilungen	47
	5.13 Bemaßung mit Hinweislinien	49
	5.14 Bemaßung von Nuten	49
	5.15 Bemaßung mittels theoretisch genauer Maße	50

Inhaltsverzeichnis

	5.16 Kennzeichnung von Prüfmaßen	51
	5.17 Unterschiedliche Arten der Maßeintragung	51
6	**Darstellung und Bemaßung von Gewinden**	**53**
	6.1 Allgemeines	53
	6.2 Außengewinde	53
	6.3 Innengewinde	54
	6.4 Bauteile mit Gewinden im montierten Zustand	54
	6.4.1 Sechskantschraube mit Sechskantmutter	54
	6.4.2 Innensechskantschraube mit Sacklochgewinde	55
	6.4.3 Stiftschraube mit Sacklochgewinde	56
	6.4.4 Verschraubung von Rohr und Gewindeflansch	57
	6.4.5 Befestigung einer Zahnscheibe mittels Nutmutter	57
	6.5 Verschiedenes	59
	6.5.1 Gewindefreistiche	59
	6.5.2 Vereinfachte Angaben für Gewinde	59
	6.5.3 Mehrgängige Gewinde	60
7	**Toleranzen für Maße**	**62**
	7.1 Nennmaß, Abmaße, Grenzmaße, Istmaß, Istabmaß	62
	7.2 Maßtoleranz, Null-Linie, Toleranzfeld	63
	7.3 Toleranzbegriffe für Welle und Bohrung	63
	7.4 ISO-Toleranzklassen	64
	7.5 Angabe von Maßtoleranzen – Beispiele	67
8	**Toleranzen für Form und Lage**	**72**
	8.1 Allgemeines	72
	8.2 Formtoleranzen	72
	8.3 Lagetoleranzen	76
	8.4 Symbole	93
	8.4.1 Symbole für Formtoleranzen	93
	8.4.2 Symbole für Lagetoleranzen	94
	8.5 Allgemeintoleranzen	95
	8.6 Sonstiges	96
	8.6.1 Ermittlung der Rundheitsabweichung	96
	8.6.2 Projizierte Toleranzzone	97
9	**Oberflächenbeschaffenheit**	**100**
	9.1 Allgemeines	100
	9.2 Begriffe und Kenngrößen	100
	9.2.1 Begriffe	100
	9.2.2 Kenngrößen	101
	9.3 Symbole	104
	9.4 Angabe der Oberflächenbeschaffenheit	109
10	**Tolerierungsprinzipien**	**114**
	10.1 Unabhängigkeitsprinzip	114
	10.2 Hüllbedingung	115
	10.3 Maximum-Material-Bedingung	115

11 Passungen 121
    11.1 Allgemeines 121
    11.2 Spielpassung 121
    11.3 Übermaßpassung 123
    11.4 Übergangspassung 124
    11.5 Pass-Systeme 126
    11.6 Passungsauswahl 126

12 Werkstückkanten 129
    12.1 Begriffe 129
    12.2 Angaben in Zeichnungen 130
    12.3 Beispiele 135

13 Schweißverbindungen 138

Anhang A-1 Zeichnungsarten, Zeichnungsformate, Schriftfelder 141
    A-1/1 Zeichnungsarten 141
    A-1/2 Zeichnungsformate 143
    A-1/3 Schriftfelder 143

Anhang A-2 Stücklisten 148

Anhang A-3 Linienarten, Schriftgrößen, Gestaltung von Symbolen 153
    A-3/1 Linienarten 153
    A-3/2 Schriftgrößen 154
    A-3/3 Gestaltung von Symbolen 155

Anhang A-4 Praxisbeispiel Schwenkantrieb 156

Anhang A-5 Praxisbeispiel Schleifvorrichtung 168

Quellen und weiterführende Literatur 179

Sachwortverzeichnis 181

1 Einleitung

Im Maschinenbau spielt die mit „Technisches Zeichnen" benannte Disziplin eine wichtige Rolle. Sie umfasst alle zur Erstellung von technischen Zeichnungen erforderlichen Kenntnisse, Fertigkeiten und Hilfsmittel. Die nach festgelegten Regeln (meist Normen) erstellten technischen Zeichnungen sind Dokumente mit vorwiegend grafischen Inhalten, die zur Herstellung von Bauteilen, Baugruppen oder vollständiger Maschinen unverzichtbar sind. Technische Zeichnungen als Bestandteile der technischen Produktdokumentation eines Unternehmens weisen einen hohen Informationsgrad mit produkt- und firmenspezifischen Details (Know-how) auf, weshalb die Weitergabe dieser Dokumente an Dritte von Firmen nur zögerlich gehandhabt wird. Als Beispiel für eine technische Zeichnung zeigt Bild 1.1 das mit „Riegel" bezeichnete Bauteil. Es handelt sich hierbei um eine Einzelteilzeichnung mit allen für die Herstellung dieses Bauteils erforderlichen Angaben.

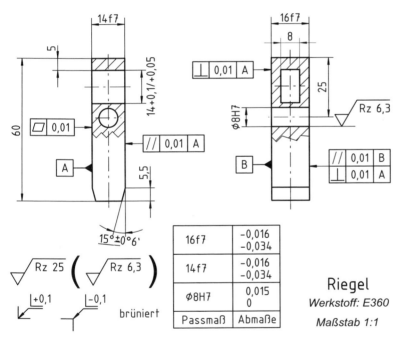

Bild 1.1: Beispiel für eine technische Zeichnung (ohne Zeichnungsrahmen und Schriftfeld)

Neben Einzelteilzeichnungen gibt es Zeichnungen für Baugruppen und komplette Maschinen, die das Zusammenspiel der Bauteile veranschaulichen. Man bezeichnet solche Zeichnungen als Gesamtzeichnungen (Zusammenstellungszeichnungen), die auch für den Zusammenbau (Montage) benötigt werden.

<u>Hinweis:</u> Auf die unterschiedlichen Arten von Zeichnungen wird in **Anhang A-1** noch ausführlicher eingegangen.

2 Normen

2.1 Allgemeines

Die Anfertigung technischer Zeichnungen erfordert die Beachtung von Regeln, die in Normen niedergelegt sind. Normen sind von Fachleuten erstellte Dokumente. Vor ihrer Herausgabe müssen diese von der Organisation *Deutsches Institut für Normung e. V. (DIN)* mit Sitz in Berlin genehmigt werden.

Normgerecht erstellte Zeichnungen bieten die Gewähr, dass diese von den Nutzern richtig interpretiert („gelesen") werden und dass die danach hergestellten Bauteile die ihnen zugedachte Funktion erfüllen.

2.2 Arten von Normen

Die von der Organisation *Deutsches Institut für Normung e. V. (DIN)* genehmigten und herausgegebenen Normen tragen als Abkürzung vor der Nummer der Norm das DIN- oder das DIN ISO-Zeichen, wobei die DIN-Normen in der Regel von deutschen Fachleuten in Ausschüssen erarbeitet werden. DIN-Normen haben hauptsächlich nationale Bedeutung; sie können in Einzelfällen die Grundlage für die Erstellung einer internationalen Norm bilden.

Die *International Organization for Standardization (ISO)* mit Sitz in Genf erarbeitet internationale Normen, die als Abkürzung vor der Nummer der Norm das ISO-Zeichen tragen. Aus einer ISO-Norm wird eine DIN ISO-Norm, wenn das *DIN* der Norm zustimmt und diese in übersetzter Form ohne sonstige Veränderungen übernommen wird. Wird eine ISO-Norm durch das *DIN* in Teilen überarbeitet, so geht eine solche Norm in eine DIN-Norm über. Diese hat dann den Status einer Deutschen Norm.

Weiterhin gibt es DIN EN- und DIN EN ISO-Normen, die durch das *DIN* vom *Europäischen Komitee für Normung (CEN = Comité Européen de Normalisation)* angenommen werden und nach der Übersetzung ebenfalls den Status einer Deutschen Norm haben.

<u>Hinweis:</u> Am Ende der meisten Kapitel dieses Buches befindet sich eine Liste mit den für das jeweilige Kapitel bedeutsamen Normen, auf die im Bedarfsfall zur Vertiefung und Erweiterung der Kenntnisse zurückgegriffen werden kann.

3 Darstellungsmethoden

3.1 Allgemeines

Zur Erstellung technischer Zeichnungen bedient man sich unterschiedlicher Darstellungsmethoden, die nach DIN ISO 5456-2 mit Projektionsmethode 1, Projektionsmethode 3, Pfeilmethode und gespiegelte orthogonale Darstellung bezeichnet werden. Zur vollständigen Darstellung eines Bauteils können bis zu sechs Ansichten aus den Richtungen a, b, c, d, e und f erforderlich sein (Bild 3.1).

Hinweis: Auf die Darstellungsmethode der gespiegelten orthogonalen Darstellung wird hier nicht eingegangen, da diese im Maschinenbau keine Rolle spielt. Diese Methode wird bevorzugt im Bauwesen angewendet.

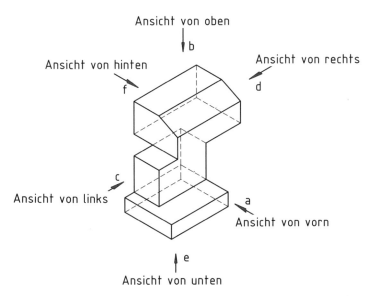

Bild 3.1: Ansichten mit den Richtungsbezeichnungen a bis f

3.2 Projektionsmethode 1

Bei der Projektionsmethode 1 liegt das darzustellende Bauteil zwischen dem Beobachter und den Ebenen, auf die das Bauteil projiziert wird. Dabei kommt die parallele orthogonale (senkrechte) Projektion zur Anwendung (Bild 3.2).

Die Hauptansicht A (Vorderansicht) des Bauteils wird auf die mit Zeichenebene bezeichnete Ebene projiziert. Die Hauptansicht ist die Ansicht, die vom darzustellenden Bauteil die meisten Informationen bietet. Die Entscheidung darüber, welche Ansicht als Hauptansicht

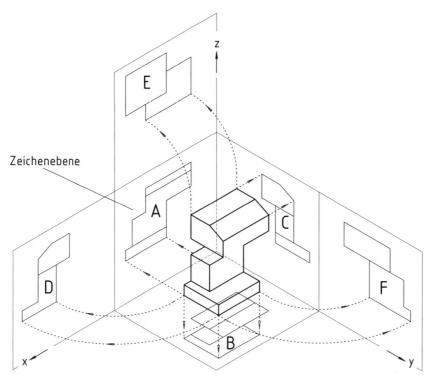

Bild 3.2: Projektionsmethode 1 zur Darstellung eines Bauteils

gewählt werden soll, ist oftmals nicht leicht, da hierfür mehrere Ansichten in Betracht kommen können. Zur Entscheidungsfindung können auch Fertigungs-, Funktions- und Montageaspekte hinzugenommen werden. Ist die Entscheidung hinsichtlich der Auswahl der Hauptansicht erfolgt, ist die Lage der übrigen Ansichten durch die Projektionsmethode 1

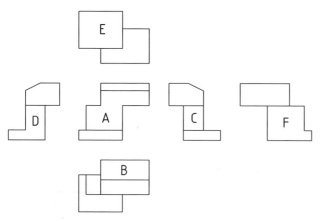

Bild 3.3: Zuordnung der Ansichten eines Bauteils relativ zur Hauptansicht – Projektionsmethode 1

festgelegt. Insgesamt lassen sich sechs Ansichten des Bauteils zeichnen, die durch parallele orthogonale (senkrechte) Projektion auf die entsprechenden Ebenen entstehen.

Die Zuordnung dieser Ansichten in Bezug auf die Hauptansicht (Ansicht A) zeigt Bild 3.3. Die Ansicht C (= Seitenansicht von links) liegt rechts von Ansicht A, die Ansicht B (= Draufsicht) liegt unterhalb von Ansicht A, die Ansicht D (= Seitenansicht von rechts) liegt links von Ansicht A, die Ansicht E (= Untersicht) liegt oberhalb von Ansicht A und die Ansicht F (= Rückansicht) darf rechts oder links von Ansicht A liegen.

Die Projektionsmethode 1 ist die in Deutschland und anderen europäischen Ländern vorwiegend verwendete Darstellungsmethode. Um zum Ausdruck zu bringen, dass diese Methode zur Darstellung von Bauteilen zur Anwendung gelangt, wird die betreffende Zeichnung mit einer Symbolik nach Bild 3.4 versehen. Gezeigt ist hier ein Kegelstumpf in der Hauptansicht (Vorderansicht) und rechts davon angeordnet ist die Seitenansicht von links, wie dies der Projektionsmethode 1 entspricht.

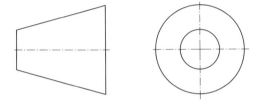

Bild 3.4: Symbolik auf einer Zeichnung als Hinweis für die Anwendung der Projektionsmethode 1

Die zeichnerische Darstellung von Bauteilen soll nicht in jedem Fall in allen sechs Ansichten, die nach der Projektionsmethode 1 möglich sind, vorgenommen werden. Vielmehr gilt die Regel, dass immer nur so viele Ansichten (eventuell auch Schnittdarstellungen, s. u.) gezeichnet werden sollen, die eine einwandfreie Darstellung des Bauteils ermöglichen.

3.3 Projektionsmethode 3

Bei der Projektionsmethode 3 liegt das darzustellende Bauteil hinter den Ebenen (vom Beobachter aus gesehen), auf die es mittels paralleler orthogonaler Projektion abgebildet wird (Bild 3.5). Die Hauptansicht wird auf die mit Zeichenebene benannte Ebene projiziert.

Auch hier lassen sich insgesamt sechs Ansichten des Bauteils zeichnen. Die Zuordnung dieser Ansichten in Bezug auf die Hauptansicht (Ansicht A) zeigt Bild 3.6. Die Ansicht C (= Seitenansicht von links) liegt links von Ansicht A, die Ansicht B (= Draufsicht) liegt oberhalb von Ansicht A, die Ansicht D (= Seitenansicht von rechts) liegt rechts von Ansicht A, die Ansicht E (= Untersicht) liegt unterhalb von Ansicht A und die Ansicht F (= Rückansicht) darf rechts oder links von Ansicht A liegen.

3 Darstellungsmethoden

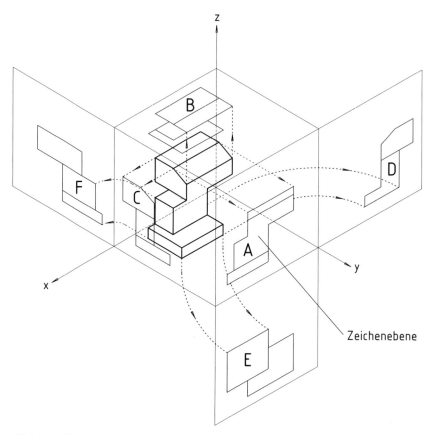

Bild 3.5: Projektionsmethode 3 zur Darstellung eines Bauteils

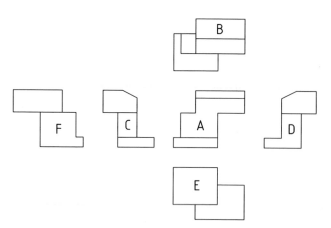

Bild 3.6: Zuordnung der Ansichten eines Bauteils relativ zur Hauptansicht – Projektionsmethode 3

3.4 Pfeilmethode

Soll die Projektionsmethode 3 zur Darstellung von Bauteilen zur Anwendung gelangen, wird die betreffende Zeichnung mit einer Symbolik nach Bild 3.7 versehen. Gezeigt ist hier ein Kegelstumpf in der Hauptansicht (Vorderansicht) und links davon angeordnet ist die Seitenansicht von links, wie dies der Projektionsmethode 3 entspricht.

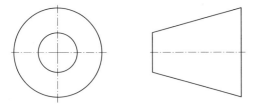

Bild 3.7: Symbolik auf einer Zeichnung als Hinweis auf die Anwendung der Projektionsmethode 3

3.4 Pfeilmethode

Oftmals ist es von Vorteil, das Bauteil nicht nach den durch die Projektionsmethoden 1 und 3 vorgegebenen Regeln darzustellen, sondern die Pfeilmethode zu bevorzugen.

Bei dieser Methode werden ausgehend von der Hauptansicht die übrigen Ansichten in Anlehnung an Bild 3.1 mit Buchstaben gekennzeichnet. Die Kleinbuchstaben geben in der Hauptansicht die jeweilige Betrachtungsrichtung der anderen Ansichten an, die mit einem entsprechenden Großbuchstaben zu versehen sind. Die Anordnung der Ansichten darf auf der Zeichenfläche an beliebiger Stelle erfolgen (Bild 3.8).

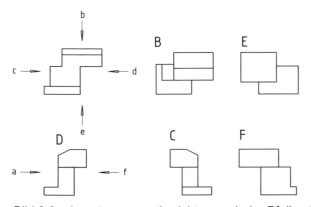

Bild 3.8: Anordnung von Ansichten nach der Pfeilmethode

Normen zu Kapitel 3

DIN ISO 5456-1 Projektionsmethoden
Teil 1: Technische Zeichnungen, Übersicht
DIN ISO 5456-2 Projektionsmethoden
Teil 2: Technische Zeichnungen, Orthogonale Darstellungen

4 Darstellung von Bauteilen

4.1 Darstellung mittels Projektionsmethode 1

Zur Darstellung der in den Bildern 4.1 bis 4.5 gezeigten Bauteile wird die Projektionsmethode 1 verwendet. In der unteren rechten Ecke eines jeden Bildes wird das Bauteil zur besseren Vorstellung in isometrischer (räumlicher) Darstellung gezeigt. Durch Betrachtung dieser Darstellung aus den jeweiligen Blickrichtungen lassen sich die einzelnen Ansichten des betreffenden Bauteils zeichnen.

Die in den Bildern 4.1 bis 4.4 gezeigten Bauteile sind durch drei Ansichten dargestellt: die Vorderansicht, die Seitenansicht und die Draufsicht. Das Bauteil des Bildes 4.5 kommt mit zwei Ansichten aus.

Hinweis: Die in den Bildern 4.1 bis 4.5 zu findenden Maßangaben dienen lediglich zur Beschreibung der Geometrie des jeweiligen Bauteils. Es handelt sich hierbei nicht um korrekte (DIN-gerechte) Bemaßungen. Auch fehlen weitere Angaben, die zur Komplettierung von technischen Zeichnungen unbedingt erforderlich sind. Darauf wird in den Kapiteln 5 bis 12 näher eingegangen. Dem Leser wird empfohlen, die Bauteile zu Übungszwecken einmal selbst zu zeichnen. Dabei können die angegebenen Maße verwendet werden.

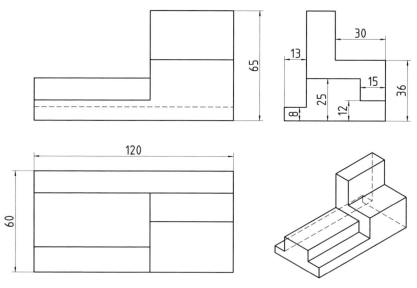

Bild 4.1: Bauteil 1

4.1 Darstellung mittels Projektionsmethode 1

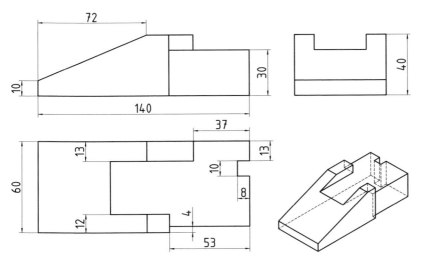

Bild 4.2: Bauteil 2

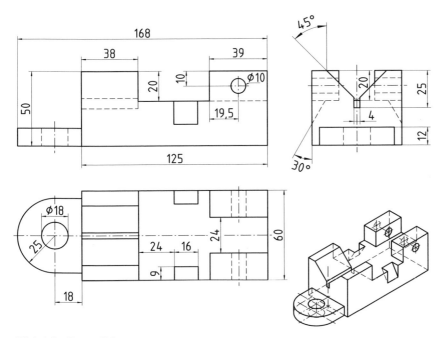

Bild 4.3: Bauteil 3

4 Darstellung von Bauteilen

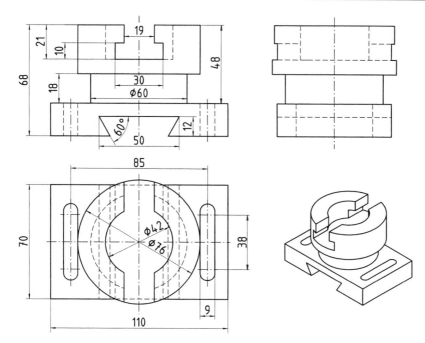

Bild 4.4: Bauteil 4

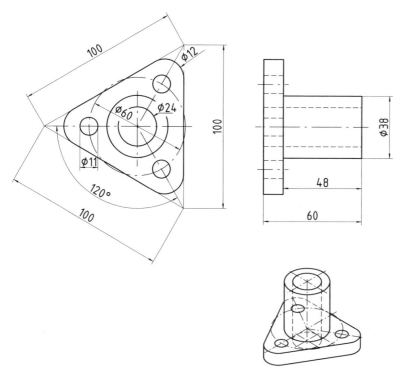

Bild 4.5: Bauteil 5

4.2 Darstellung mittels Schnitten

4.2.1 Allgemeines

Mithilfe von Schnitten ist es möglich, die Geometrie im Innern von Bauteilen deutlich zu machen.

Als Beispiel hierfür zeigt Bild 4.6 (links) ein quaderförmiges Bauteil, an dessen Vorder- und Seitenfläche je eine Bohrung zu erkennen ist. Die innere Geometrie des Bauteils könnte mittels Darstellung unsichtbarer Kanten verdeutlicht werden, worauf hier allerdings verzichtet wird. Besser ist es, das Bauteil (gedanklich) so zu schneiden, dass seine innere Gestalt dadurch zweifelsfrei zum Ausdruck kommt. Es bietet sich hier an, als Schnittebene die Ebene zu wählen, die die Bohrungsachsen einschließt. Die mit a, b, c und d gekennzeichneten Linien sind die Randlinien dieser Schnittebene.

Durch die Schnittebene wird das Bauteil in eine obere und eine untere Hälfte geteilt. In Bild 4.6 (rechts) ist nur die untere Hälfte des Bauteils dargestellt, da diese den Einblick in das Innere des Bauteils erlaubt. Zu erkennen sind die im Zentrum liegenden Bohrungen mit unterschiedlichen Durchmessern und die quer dazu angeordneten beiden Bohrungen, die das Bauteil in seiner gesamten Breite durchdringen.

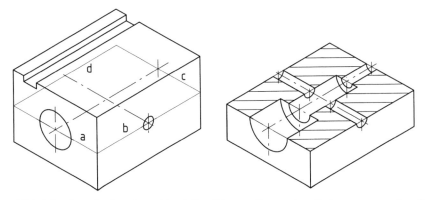

Bild 4.6: Quaderförmiges Bauteil mit innen liegenden Bohrungen und außen liegender Nut

Bild 4.7 zeigt den Schnitt des Bauteils des Bildes 4.6 (rechts), wie sich dieser in einer technischen Zeichnung darstellt. Die Schnittflächen werden durch die Schraffur besonders hervorgehoben, die aus dünnen Volllinien besteht und gegenüber den Körperkanten um 45° (bzw. 135°) geneigt sind.

Der Abstand der Schraffurlinien ist nicht durch eine Norm festgelegt. Er sollte sich an der Größe der zu schraffierenden Fläche orientieren. Für ein bestimmtes Bauteil werden alle Schnittflächen einheitlich schraffiert, d. h., der Abstand und die Neigung der Schraffurlinien gegenüber den Körperkanten sind überall gleich.

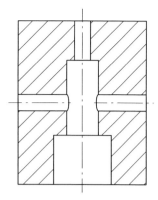

Bild 4.7: Schnittansicht des in Bild 4.6 gezeigten Bauteils

<u>Hinweis:</u> Die DIN 201 bietet für unterschiedliche Materialien spezifische Schraffurmuster an. Es wird in Schraffurmuster für feste, flüssige und gasförmige Stoffe unterschieden.

4.2.2 Vollschnitt, Halbschnitt und Teilschnitt

Bei der in Bild 4.7 gezeigten Schnittdarstellung handelt es sich um einen Vollschnitt des Bauteils, da dieses durch die Schnittebene vollständig durchtrennt wird. Ein Halbschnitt liegt vor, wenn eine Teil des Bauteils im Schnitt und der andere Teil in der Ansicht gezeichnet wird. Die Trennlinie beider Teile ist die als strichpunktierte Linie ausgeführte Mittellinie (Bild 4.8, links). Ein Teilschnitt, der auch Ausbruch genannt wird, zeigt das Innere des Bauteils im Schnitt nur in einem bestimmten Bereich. Der übrige Bereich verbleibt in der Ansicht. Die Trennung beider Bereiche erfolgt durch eine als schmale Freihandlinie (gezackte Linie) gezeichnete Bruchlinie (Bild 4.8, rechts).

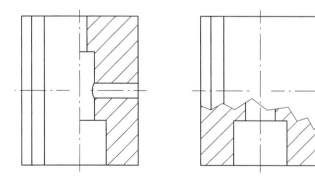

Bild 4.8: Halbschnitt und Teilschnitt (Ausbruch) des Bauteils nach Bild 4.7

4.2.3 Kennzeichnung des Schnittverlaufs

Bei den in den Bildern 4.6, 4.7 und 4.8 gezeigten Schnittdarstellungen ist die Lage der Schnittebenen eindeutig. Eine besondere Kennzeichnung dieser Ebenen ist deshalb nicht erforderlich.

4.2 Darstellung mittels Schnitten

Durch Einzeichnen von Schnittverlaufslinien (Schnittlinien) mit Pfeilen für die Blickrichtung besteht die Möglichkeit, den dargestellten Schnitt der Ansicht des Bauteils eindeutig zuzuordnen. Der Betrachter der technischen Zeichnung weiß somit genau, an welcher Stelle des Bauteils sich die Schnittebenen (Schnitte) befinden. Durch die Pfeile wird die Blickrichtung auf die Schnittfläche angegeben. Die Zeichnung des Bildes 4.9 gibt hierzu ein Beispiel.

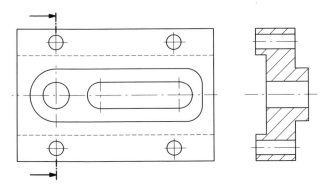

Bild 4.9: Kennzeichnung der Lage der Schnittebene

Die Schnittlinie beginnt außerhalb der Bauteilansicht und wird als breite Strichpunklinie gezeichnet, die kurz nach dem Durchschneiden der Bauteilkante endet.

<u>Hinweis:</u> In der DIN ISO 128-40 ist festgelegt, mit welchen Abmessungen die Richtungspfeile auszuführen sind.

Das in Bild 4.9 dargestellte Bauteil benötigt zur Beschreibung seiner vollständigen Geometrie einen weiteren Schnitt (Bild 4.10).

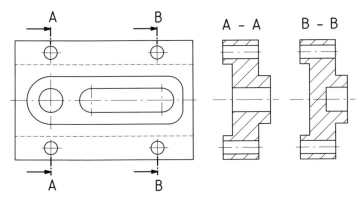

Bild 4.10: Kennzeichnung der Lage mehrerer Schnittebenen

Zur Kennzeichnung der einzelnen Schnitte dienen die an den Schnittlinien positionierten Großbuchstaben. Die gleichen Buchstaben werden auch für die Zuordnung von Schnitten und Schnittdarstellungen, angeordnet oberhalb der Schnittdarstellungen (hier: A–A und B–B), verwendet.

In Bild 4.11 ist ein Bauteil mit abgeknickten Schnittlinien und den dazu gehörenden Schnitten zu sehen. Durch die abgeknickten Schnittlinien ergeben sich für den jeweiligen Schnitt parallel versetzte Schnittebenen. Auf diese Weise ist es möglich, mehr Informationen in einen Schnitt zu legen, wodurch sich die für die vollständige Darstellung des Bauteils erforderliche Anzahl der Schnitte reduzieren lässt. Der Schnittverlauf wird durch Großbuchstaben in alphabetisch aufsteigender Reihenfolge gekennzeichnet (jede Knickstelle erhält einen Buchstaben). Die Knickstellen sind durch „Winkel" aus breiten Volllinien darzustellen.

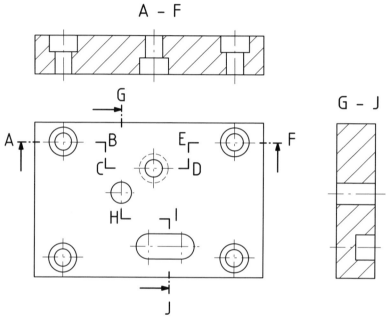

Bild 4.11: Parallel versetzte Schnittebenen (abgeknickte Schnittlinien)

Hinweis: In der Praxis wird häufig auf die Kennzeichnung der Knickstellen des Schnittverlaufs durch Großbuchstaben verzichtet. Das geschieht insbesondere dann, wenn der Schnittverlauf zweifelsfrei zu erkennen ist. Es werden dann nur der Anfang und das Ende des Schnittverlaufs durch gleiche Großbuchstaben gekennzeichnet (Bild 4.10).

4.2.4 Besonderheiten bei Schnittdarstellungen

Anhand der Bilder 4.12 bis 4.25 soll auf einige bei Schnittdarstellungen zu beachtende Besonderheiten eingegangen werden.

Bild 4.12 zeigt ein Bauteil, bei dem parallel versetzte Schnittebenen vorliegen, wobei die Abknicklinie ein Teilstück der Mittellinie ist. In einem solchen Fall sind die Schraffurlinien der Schnittdarstellung gegeneinander versetzt zu zeichnen.

4.2 Darstellung mittels Schnitten   23

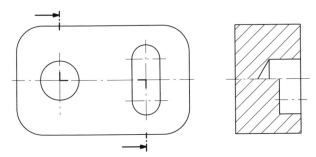

Bild 4.12: Parallel versetzte Schnittebenen – Abknicklinie als Teilstück der Mittellinie

Der Schnittverlauf kann, wenn dies sinnvoll sein sollte, auch aus dem Bauteil herausgeführt und wieder in dieses hineingeführt werden. Bei dem in Bild 4.13 dargestellten Bauteil ist dies wegen der Verdeutlichung der in den Zylinder eingearbeiteten Tasche zweckmäßig. Die Trennungslinien werden an den betreffenden Stellen als dünne Zickzacklinien gezeichnet.

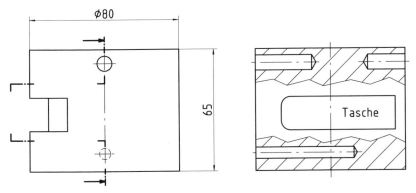

Bild 4.13: Aus dem Bauteil heraus- und wieder hinein geführter Schnittverlauf

Hinweis: Die in Bild 4.13 angegebenen Maße sollen verdeutlichen, dass die Grundform dieses Bauteils ein Zylinder mit ⌀ 80 mm und 65 mm Höhe ist.

Beim Bauteil des Bildes 4.14 liegen die Schnittebenen in einem Winkel zueinander. In einem solchen Fall wird (gedanklich) die Ebene des einen Schnittes so weit gedreht, bis diese mit der Ebene des anderen Schnittes zusammenfällt. Die sich so ergebende Schnittfläche wird als Schnittdarstellung gezeichnet.

Bei Achsen, Wellen, Bolzen u. a., bei denen die Geometrie einzelner Querschnittsflächen zum Ausdruck gebracht werden soll, sind die Schnittverläufe mit Großbuchstaben zu kennzeichnen und diese sinngemäß den Schnittdarstellungen zuzuordnen. Das kann in Verlängerung der Mittellinie rechts neben der Bauteildarstellung (Bild 4.15) oder unterhalb der jeweiligen Schnittverlaufslinie (Bild 4.16) erfolgen, wobei hier wegen der eindeutigen Zuordnung von Schnittverlaufslinien und zugehörenden Schnittdarstellungen die Kennzeichnung durch Großbuchstaben entfällt. Die Darstellung der hinter den Schnittebenen liegenden Bauteilelemente kann entfallen, wenn diese an anderer Stelle der Zeichnung verdeutlicht werden. In den Bildern 4.15 und 4.16 sind die hinter den Schnittebenen liegenden Bauteilelemente dargestellt, um insbesondere die äußere Gestalt des sich rechts am Bauteil befindenden Ansatzes zum Ausdruck zu bringen.

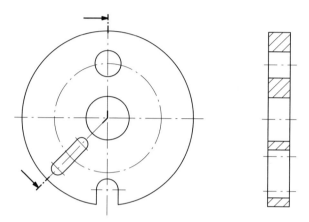

Bild 4.14: Gedrehte Schnittebenen

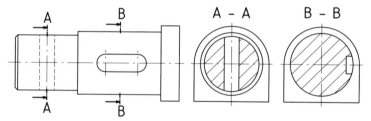

Bild 4.15: Schnittdarstellungen in Verlängerung der Mittellinie

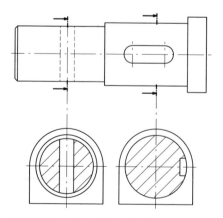

Bild 4.16: Schnittdarstellungen unterhalb der jeweiligen Schnittverlaufslinie

4.2 Darstellung mittels Schnitten

Bild 4.17 zeigt die Zeichnung einer Getriebewelle. Anhand dieser Zeichnung soll auf Folgendes hingewiesen werden: Alle schraffierten Flächen der Getriebewelle, also die Ausbrüche bei der Passfeder und den Zentrierbohrungen (Bild 4.17, links) und der Teilschnitt der Welle in der Schnittdarstellung (Bild 4.17, rechts) haben gleich gestaltete Schraffuren, d. h., die Lage der Schraffurlinien (hier unter 135°) und der Abstand der Schraffurlinien sind gleich. Die Regel dazu lautet: In einer Zeichnung werden alle Schnittflächen-Schraffuren eines bestimmten Bauteils hinsichtlich der Lage und des Abstandes der Schraffurlinien gleich gestaltet.

In der Schnittdarstellung (Bild 4.17, rechts) stoßen die Schnittflächen von Welle und Zahnrad (2) aneinander. In einem solchen Fall sind die Schraffurlinien unterschiedlich gerichtet und nach Möglichkeit mit unterschiedlichen Abständen auszuführen. Damit wird klar zum Ausdruck gebracht, dass es sich um zwei unterschiedliche Bauteile handelt.

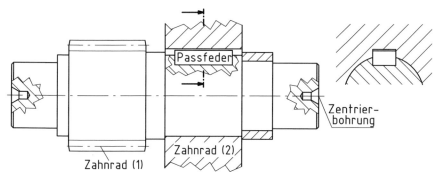

Bild 4.17: Getriebewelle mit Passfeder als Welle-Nabe-Verbindung

Berühren sich in einer Schnittdarstellung die Schnittflächen mehrerer Bauteile, so ist es nicht immer möglich, die Richtung der Schraffurlinien unterschiedlich auszuführen. In einem solchen Fall sind die Abstände der Schraffurlinien deutlich unterschiedlich auszuführen, um so die Bauteile optisch klar voneinander unterscheiden zu können (Bild 4.18).

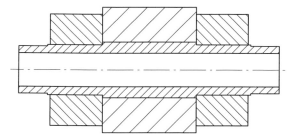

Bild 4.18: Berührung mehrerer Bauteil-Schnittflächen

Hinweis: Der Abstand der Schraffurlinien richtet sich nach der Größe der jeweils zu schraffierenden Fläche. Er darf nicht zu groß, aber auch nicht zu klein sein. Sind in einer Schnittdarstellung mehrere Flächen zu schraffieren (Bild 4.18), so ist der Abstand der Schraffurlinien auch unter dem Aspekt der optisch klaren Unterscheidung der Bauteile voneinander zu wählen.

Die Schraffurlinien liegen unter einem Winkel von 45° (bzw. 135°) zu den äußeren Linien der schraffierten Fläche oder zu seiner Symmetrielinie (Bild 4.19).

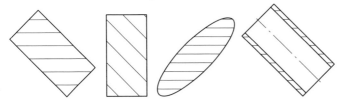

Bild 4.19: Beispiele für die Lage der Schraffurlinien relativ zur schraffierten Fläche

Bild 4.20 zeigt eine in zwei Rillenkugellagern gelagerte Getriebewelle. Die Lager sind geschnitten dargestellt. Auffällig ist, dass die Schraffurlinien des Innen- und Außenringes des jeweiligen Lagers den gleichen Schraffurwinkel aufweisen. Gleiche Schraffurwinkel bei Schnittflächen von Wälzlagern werden immer dann ausgeführt, wenn diese als Einheiten innerhalb einer Zusammenstellungs- oder Gruppenzeichnung zu betrachten sind.

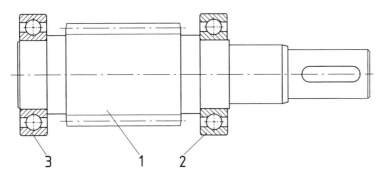

Bild 4.20: Gleichgerichtete Schraffur der Innen- und Außenringe von Wälzlagern

Wird das Wälzlager nicht als Einheit gesehen, sondern wird auf die einzelnen Teile des Wälzlagers mittels Positionsnummern hingewiesen, so sind die im Schnitt dargestellten Innen- und Außenringe mit unterschiedlich gerichteten Schraffurlinien auszuführen (Bild 4.21).

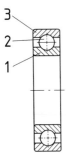

Bild 4.21: Unterschiedlich gerichtete Schraffur des Innen- und Außenringes eines Wälzlagers

4.2 Darstellung mittels Schnitten

Bei größeren Schnittflächen ist es erlaubt, auf eine vollständige Schraffur zu verzichten. Durch Schraffurlinien in den Randbereichen der jeweiligen Schnittfläche wird zum Ausdruck gebracht, dass die gesamte Fläche eine Schnittfläche ist (Bild 4.22).

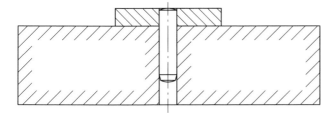

Bild 4.22: Schraffur der Randbereiche bei größeren Schnittflächen

In Schnittzeichnungen werden Schrauben, Muttern, Scheiben, Stifte, Achsen, Wellen, Bolzen, Keile, Niete u. a. nicht geschnitten dargestellt, wenn die Mittelebene dieser Teile mit der Schnittebene zusammenfällt (Bild 4.23).

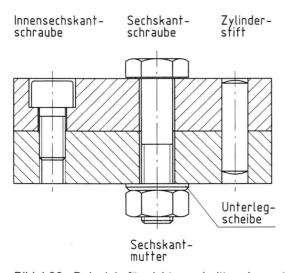

Bild 4.23: Beispiele für nicht geschnitten dargestellte Bauteile

<u>Hinweis:</u> Auch die Bilder 4.17, 4.20, 4.21 und 4.22 bieten Beispiele für nicht geschnitten dargestellte Bauteile. Bild 4.17: Passfeder und Welle, Bild 4.20: Welle, Wälzkörper und Passfeder, Bild 4.21: Wälzkörper, Bild 4.22: Zylinderstift.

In der Schnittebene liegende Rippen, Stege oder Speichen werden ebenfalls nicht geschnitten dargestellt. Bild 4.24 zeigt hierfür als Beispiel eine als Gussteil ausgeführte Riemenscheibe, von der zwei Speichen in der Schnittebene liegen, die nicht geschnitten dargestellt werden.

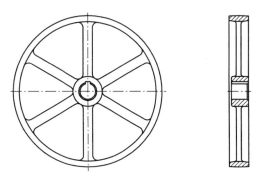

Bild 4.24: Einteilige Riemenscheibe (DIN 111) mit ungeschnitten dargestellten Speichen

Bild 4.25 zeigt ein Bauteil mit einem daran angeschweißten Formstahl. Um seine Form zu verdeutlichen, wird die Querschnittsfläche in die Ansicht hineingedreht (Fall 1) oder neben der Ansicht angeordnet (Fall 2). Die Umrisslinien der Schnittfläche werden beim Fall 1 als schmale Voll-Linien gezeichnet. Beim Fall 2 wird durch die Schnittlinien die Lage der Schnittfläche und durch die Pfeile die Blickrichtung auf die Schnittfläche festgelegt. Diese wird in Verlängerung der Schnittlinien dargestellt. Die Umrisslinien sind dann als breite Voll-Linien auszuführen.

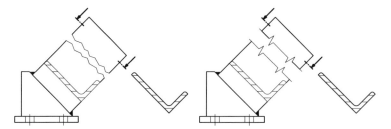

Bild 4.25: Bauteil mit daran angeschweißtem Formstahl

Bild 4.25 soll auch als Beispiel zur Erläuterung von Bruchdarstellungen dienen. Darunter werden verkürzt dargestellte Bauteile verstanden. Hier wird zur verkürzten Darstellung der Länge des Formstahls gedanklich ein Stück herausgebrochen. Die Bruchkanten werden als „Freihandlinien" mittels schmaler Voll-Linien gezeichnet (Bild 4.25, links). Es gibt auch die Möglichkeit, als Bruchkanten Zickzacklinien zu zeichnen (Bild 4.25, rechts), die ebenfalls als schmale Voll-Linien gezeichnet und etwas über die äußeren Kanten hinaus verlängert werden.

4.3 Besondere Darstellungsmöglichkeiten

4.3.1 Bauteile mit Symmetrieachsen

Bauteile mit Symmetrieachsen bieten die Möglichkeit der vereinfachten zeichnerischen Darstellung. Bild 4.26, links zeigt die vollständige Ansicht eines Kupplungsflansches; senkrechte und waagerechte Mittellinie sind hier die Symmetrieachsen. Daneben ist der Kupplungsflansch nur durch seine links von der senkrechten Symmetrieachse liegende Hälfte dargestellt. Die Ausnutzung der waagerechten Mittellinie als Symmetrieachse erlaubt auch die Darstellung nur eines Viertels des Kupplungsflansches (Bild 4.26, rechts). An den Enden der Symmetrieachsen (Mittellinien) sind zu deren Kennzeichnung zwei kurze parallele schmale Voll-Linien zu zeichnen.

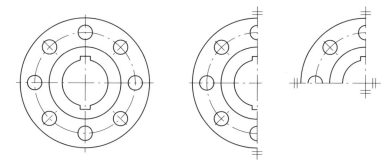

Bild 4.26: Darstellungsmöglichkeiten – Kupplungsflansch

4.3.2 Kegel- oder keilförmige Bauteile

Kegel- oder keilförmige Bauteile können verkürzt dargestellt werden (Bild 4.27). Dabei schneidet man aus den Bauteilen (gedanklich) ein mittleres Teil heraus. Die verbleibenden Teile (Enden) werden zusammengeschoben dargestellt. Die Bruchkanten sind wie bereits zu Bild 4.25 erläutert auszuführen.

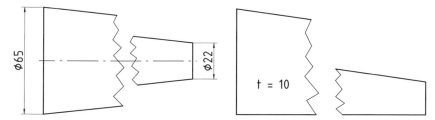

Bild 4.27: Verkürzte Darstellung von kegel- oder keilförmigen Bauteilen

Hinweis: Die in Bild 4.27 angegebenen Maße sollen verdeutlichen, dass es sich links um ein kegelstumpfförmiges Bauteil mit den Durchmessern 65 mm und 22 mm und rechts um ein keilförmiges Bauteil mit einer Dicke t = 10 mm handelt.

4.3.3 Kennzeichnung ebener Flächen

Bei dem in Bild 4.28, links dargestellten Bauteil handelt es sich um eine Platte mit trapezförmig gestalteter äußerer Kontur (Dicke $t = 25$ mm). Das in das Trapez eingezeichnete Diagonalkreuz besagt, dass es sich um eine **ebene** Fläche handelt.

Die Kennzeichnung einer Fläche in technischen Zeichnungen durch ein Diagoalkreuz ist immer dann sinnvoll, wenn die **Ebenheit** der Fläche zum Ausdruck gebracht werden soll und dadurch zur Beschreibung der vollständigen Geometrie des Bauteils eventuell auf eine weitere Ansicht verzichtet werden kann oder aus der Zeichnung nicht zweifelsfrei zu erkennen ist, dass es sich um eine ebene Fläche handelt.

Die mittlere Darstellung des Bildes 4.28 zeigt ein Bauteil, das aus einem Zylinder mit Durchmesser 62 mm besteht, an den sich ein quaderförmiger Körper mit quadratischer Querschnittsfläche anschließt, wobei das Quadratzeichen vor der Maßzahl 42 mm auf die quadratische Form der Querschnittsfläche hinweist.

Bei dem in Bild 4.28, rechts dargestellten Bauteil handelt es sich um einen Zylinder mit Durchmesser 68 mm, an dem sich im oberen Bereich eine **ebene** Fläche befindet. Aus dieser Darstellung geht allerdings nicht hervor, dass sich gegenüberliegend ebenfalls eine gleichartige ebene Fläche befindet. Soll dies zum Ausdruck gebracht werden, ist eine weitere Ansicht (z. B. Draufsicht) erforderlich, die auch das Maß für den Abstand beider Flächen enthält.

Das zur Kennzeichnung von ebenen Flächen verwendete Diagonalkreuz wird aus schmalen Voll-Linien gebildet.

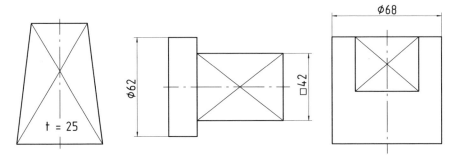

Bild 4.28: Kennzeichnung ebener Flächen

Hinweis: Die Kennzeichnung einer ebenen Fläche durch ein Diagonalkreuz erfolgt auch dann, wenn die zu kennzeichnende Fläche nicht in der Zeichenebene liegt (Beispiel: Pyramidenstumpf).

4.3.4 Auf Lochkreis angeordnete Bohrungen

Bei der Darstellung von Bauteilen mit auf einem Kreis (Lochkreis) im gleichen Abstand angeordneten Bohrungen kann eine Ansicht eingespart werden, wenn entsprechend der in Bild 4.29 gezeigten Beispiele verfahren wird.

4.3 Besondere Darstellungsmöglichkeiten

Bild 4.29, links zeigt die Darstellung einer Platte mit acht im gleichen Abstand angeordneten Bohrungen. Auf der in die Zeichenebene geklappten einen Hälfte des Lochkreises befinden sich drei Bohrungen. Die andere – nicht gezeichnete Hälfte – enthält ebenfalls drei Bohrungen. Durch die Schnittdarstellung der Platte wird deutlich, dass sich noch zwei weitere Bohrungen auf dem Lochkreis befinden, also insgesamt acht Bohrungen herzustellen sind.

Aus der in der Mitte des Bildes 4.29 gezeigten Darstellung eines Flansches geht hervor, dass sich auch hier acht Bohrungen auf dem Lochkreis befinden. Zu beachten ist die Lage des Mittelpunktes des Lochkreises, der sich als Schnittpunkt der waagerechten Mittellinie mit der rechten Bauteilkante ergibt. Die senkrechte Lochkreis-Mittellinie wird über den Lochkreis (oben und unten) hinaus fortgeführt, wobei sich deren Enden jeweils am äußeren Rand des Bauteils (größter Durchmesser des Flansches) orientieren.

Die Darstellung des Bildes 4.29, rechts zeigt einen Flansch mit sechs Bohrungen auf dem Lochkreis. Die senkrechte Lochkreis-Mittellinie ist hier um einen gewissen Abstand gegenüber der rechten Bauteilkante nach rechts verschoben. Durch die Schnittdarstellung des Flansches wird deutlich, dass in der Schnittebene keine Bohrungen liegen.

Die Kreise auf dem Lochkreis zur Darstellung der Bohrungen sind als schmale Voll-Linien auszuführen.

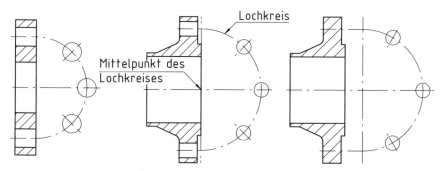

Bild 4.29: Anordnung von Bohrungen auf Lochkreis

4.3.5 Hervorheben von Einzelheiten

Bild 4.30, links zeigt ein aus zwei Zylindern (Durchmesser 60 mm und 40 mm) gestaltetes Bauteil, das im Übergangsbereich von dem einem zum anderen Durchmesser einem Freistich hat. Um die Geometrie des Freistiches besser erkennen zu können, ist der durch den Kreis mit dem Buchstaben X gekennzeichnete Bereich zehnfach vergrößert dargestellt (Bild 4.30, rechts). Die Vergrößerung ist mit dem gleichen Buchstaben wie der Kreis gekennzeichnet. Zusätzlich ist der Vergrößerungsmaßstab angegeben. Es dürfen Vergrößerungen nur unter Verwendung genormter Maßstäbe gezeichnet werden. Anstelle eines Kreises darf die Einzelheit auch durch eine Ellipse umrahmt werden. Kreis bzw. Ellipse sind in schmaler Voll-Linie auszuführen.

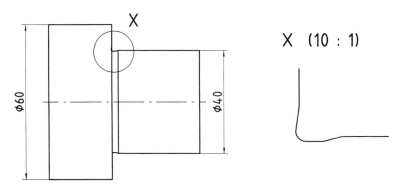

Bild 4.30: Hervorheben einer Einzelheit am Beispiel eines Freistiches

4.3.6 Andeutung eines Fertigungsschrittes

Soll die Auswirkung eines Fertigungsschrittes hinsichtlich der sich dadurch ändernden Gestalt des Bauteils in einer Ansicht kenntlich gemacht werden, so ist dies möglich durch die Darstellung des Bauteils vor und nach dem jeweiligen Fertigungsschritt. Die Gestalt des Bauteils ist vor dem Fertigungsschritt in breiten Voll-Linien zu zeichnen. Die sich durch den Fertigungsschritt geänderte Gestalt des Bauteils ist durch schmale Strich-Zweipunktlinien zum Ausdruck zu bringen (Bild 4.31).

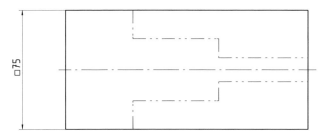

Bild 4.31: Kennzeichnung der Auswirkung eines Fertigungsschrittes am Beispiel eines quaderförmigen Bauteils

4.3.7 Schräg liegende Bauteilbereiche

Bild 4.32 zeigt eine Lasche, deren linker Teil um 30° gegenüber der Horizontalen nach oben abgewinkelt ist. Hier befinden sich eine Bohrung und zwei parallel verlaufende Langlöcher. Zur Vereinfachung der Darstellung dieser Details bietet es sich an, den schräg liegenden Bereich der Lasche in der Zeichnung separat bei senkrechter Blickrichtung darzustellen. In der Draufsicht wird auf eine genaue Darstellung dieser Details verzichtet; es werden lediglich durch Mittellinien-Kreuze markante Punkte davon angedeutet.

4.3 Besondere Darstellungsmöglichkeiten

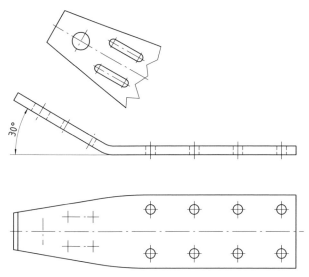

Bild 4.32: Klappen um schräg liegende Kanten am Beispiel einer Lasche

Normen zu Kapitel 4

DIN ISO 128-1	Technische Zeichnungen – Allgemeine Grundlagen der Darstellung Teil 1: Einleitung und Stichwortverzeichnis
DIN ISO 128-20	Technische Zeichnungen – Allgemeine Grundlagen der Darstellung Teil 20: Linien, Grundregeln
DIN ISO 128-21	Technische Zeichnungen – Allgemeine Grundlagen der Darstellung Teil 21: Ausführung von Linien mit CAD-Systemen
DIN ISO 128-22	Technische Zeichnungen – Allgemeine Grundlagen der Darstellung Teil 22: Grund- und Anwendungsregeln für Hinweis- und Bezugslinien
DIN ISO 128-24	Technische Zeichnungen – Allgemeine Grundlagen der Darstellung Teil 24: Linien in Zeichnungen der mechanischen Technik
DIN ISO 128-30	Technische Zeichnungen – Allgemeine Grundlagen der Darstellung Teil 30: Grundregeln für Ansichten
DIN ISO 128-34	Technische Zeichnungen – Allgemeine Grundlagen der Darstellung Teil 34: Ansichten in Zeichnungen der mechanischen Technik
DIN ISO 128-40	Technische Zeichnungen – Allgemeine Grundlagen der Darstellung Teil 40: Grundregeln für Schnittansichten und Schnitte
DIN ISO 128-44	Technische Zeichnungen – Allgemeine Grundlagen der Darstellung Teil 44: Schnitte in Zeichnungen der mechanischen Technik
DIN ISO 128-50	Technische Zeichnungen – Allgemeine Grundlagen der Darstellung Teil 50: Grundregeln für Flächen in Schnitten und Schnittansichten

5 Bemaßung von Bauteilen

5.1 Allgemeines

Die qualitative Beschreibung der geometrischen Eigenschaften eines Bauteils erfolgt durch seine zeichnerische Darstellung in unterschiedlichen Ansichten, wobei auch Schnittdarstellungen von Vorteil sein können (Kapitel 3 und 4). Zur Festlegung der konkreten (quantitativen) Geometrie des Bauteils sind maßliche Angaben erforderlich, die unter dem Oberbegriff „Bemaßung" zusammengefasst werden.

Die Bemaßung eines Bauteils hat unter vielfältigen Gesichtspunkten zu erfolgen; so sind insbesondere Anforderungen der Funktion, der Fertigung und der Prüfung (Messung) zu berücksichtigen.

Meist ist es unmöglich, die Bemaßung so auszuführen, dass alle Anforderungen erfüllt werden. Vorrangig sollte die Bemaßung unter funktionsbezogenen und fertigungsbezogenen Gesichtspunkten vorgenommen werden.

Nach DIN 460-10 wird von funktionsbezogener Maßeintragung gesprochen, wenn die Eintragung der Maße mit ihren Toleranzangaben ausschließlich unter dem Aspekt der einwandfreien Funktion der Bauteile entsprechend ihrer Zweckbestimmung im Gesamterzeugnis vorgenommen wird, wobei die jeweiligen Fertigungs- und Prüfbedingungen dabei unberücksichtigt bleiben. Die DIN 460-10 bietet auch Definitionen für fertigungs- und die prüfbezogene Maßeintragungen.

Bei der Erstellung von technischen Zeichnungen besteht beim Bemaßen die Problematik, zu entscheiden, ob neben den rein funktionellen Erfordernissen auch Aspekte der Fertigung und der Qualitätskontrolle zu beachten sind. Meist wird eine Mischform gewählt, wobei die funktionsbezogene den Vorrang hat, die Bemaßung aber auch so auszuführen ist, dass die einwandfreie Fertigung des Bauteils möglich ist.

Eine rein nach prüfbezogenen Kriterien durchgeführte Bemaßung ist im Maschinenbau eher selten anzutreffen. Im Einzelfall ist zu entscheiden, ob basierend auf der nach Funktions- und Fertigungskriterien erstellten Bemaßung eine speziell für die Qualitätskontrolle des Bauteils zusätzliche Zeichnung angefertigt werden sollte, deren Bemaßung sich an den in einem Unternehmen zur Verfügung stehenden Prüfmethoden bzw. Messgeräten zu orientieren hat.

5.2 Schriftarten

Nach DIN EN ISO 3098 werden Form und Abmessungen der in technischen Zeichnungen zu verwendenden Buchstaben und Ziffern festgelegt. Diese Norm gilt sowohl für die Bemaßung, als auch für alle weiteren in technischen Zeichnungen vorzunehmenden Beschriftungen.

5.3 Elemente der Maßeintragung

Nach DIN EN ISO 3098-2 ist die Verwendung von zwei Schriftarten erlaubt: die Schriftart A als schräge und die Schriftart B als gerade Schrift.

In technischen Zeichnungen des Maschinenbaus hat sich seit einigen Jahren, insbesondere durch den Einsatz der CAD-Technik, die Schriftart B (Bild 5.1) durchgesetzt.

a b c d e f g h i j k l ... x y z

A B C D E F G H I J K L ... X Y Z

0 1 2 3 4 5 6 7 8 9

Bild 5.1: Schriftart B nach DIN EN ISO 3098-2 für technische Zeichnungen des Maschinenbaus

Hinweis: In den folgenden Abschnitten wird auf vielfältige Aspekte der Bemaßung von Bauteilen eingegangen, wobei Maßtoleranzen, Form- und Lagetoleranzen, Oberflächenangaben und Angaben zu Kantenzuständen hier noch keine Beachtung finden.

5.3 Elemente der Maßeintragung

Bild 5.2 veranschaulicht anhand der Zeichnung einer Platte mit drei Bohrungen die bei der Eintragung von Maßen wichtigsten Elemente mit deren Bezeichnungen.

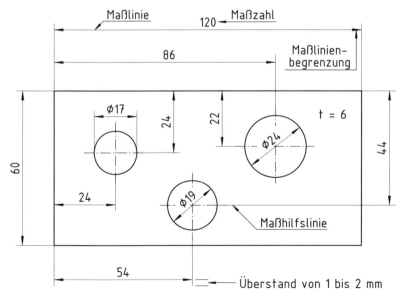

Bild 5.2: Elemente der Maßeintragung bei einer Platte mit Bohrungen

Die Maßzahlen (Maße) 120 und 60 geben Länge und Breite der Platte an. Beide Maße stehen mittig zu ihren Maßlinien. Die Maßlinien verlaufen rechtwinklig zu den zugehörenden Körperkanten (durchgezogene Linien) bzw. zu den zugehörenden Mittellinien (strichpunktierte Linien) der Bohrungen. Die Maßlinien haben an ihren Enden die als Pfeile ausgebildeten Maßlinienbegrenzungen. Die Spitze der Pfeile berühren die senkrecht zu den Maßlinien stehenden Maßhilfslinien, die in Verlängerung von den Körperkanten bzw. von den Mittellinien der Bohrungen ausgehend gezeichnet werden. Die Maßhilfslinien gehen 1 bis 2 mm über die Maßlinien hinaus (Überstand). Die Achsen der Bohrungen werden hinsichtlich ihrer Lagen vom linken und oberen Plattenrand durch Maße festgelegt. Diese Ränder dienen somit als Bezugsflächen (Ausgangsflächen) für die Bemaßung der Achsen der Bohrungen. Die Plattendicke ist durch die Angabe $t = 6$ eindeutig festgelegt. Die Maßzahlen sind von unten und rechts lesbar angeordnet.

In technischen Zeichnungen des Maschinenbaus haben alle Maße die Einheit mm, die aber nicht angegeben wird.

Hinweis: Auf die Linienbreiten (Strichstärken) der als Voll-Linien gezeichneten Maßlinien und Maßhilfslinien wird in **Anhang A-3** noch näher eingegangen.

5.4 Bemaßung von Drehteilen

Als Drehteile werden Bauteile bezeichnet, deren Bearbeitung auf Drehmaschinen erfolgt. Dabei dreht sich das herzustellende Bauteil um die Drehachse der Maschine. Das Werkzeug führt beim Runddrehen den Vorschub parallel zur Drehachse, beim Plandrehen senkrecht zur Drehachse aus.

Es ist oftmals so, dass nach der Drehbearbeitung zur endgültigen Fertigstellung des Bauteils noch weitere Bearbeitungsvorgänge z. B. durch Fräsen oder Bohren notwendig sind. Trotzdem spricht man von einem Drehteil, wenn zur Herstellung des Bauteils in erster Linie die Drehmaschine zum Einsatz kommt.

Bild 5.3 zeigt die Zeichnung einer Getriebewelle mit der für Drehteile üblichen Bemaßung, die sich hauptsächlich an Aspekten der Fertigung und der Messung orientiert.

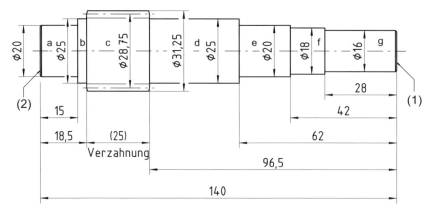

Bild 5.3: Übliche Bemaßung eines Drehteils am Beispiel einer Getriebewelle

Geht man davon aus, dass die Getriebewelle aus Rohmaterial mit einem Durchmesser von 35 mm und einer Länge von ca. 150 mm hergestellt wird, so ist folgende Vorgehensweise vorstellbar: Im Futter der Drehmaschine erfolgt die Einspannung des Rohmaterials im Bereich der – noch nicht vorhandenen – Verzahnung (Bereich c). Der in den Bearbeitungsraum hineinragende Teil der Welle (Bereiche d, e, f und g) hat eine Länge von ca. 100 mm. So ist es möglich, diese vier Wellenbereiche mit den Durchmessern/Längen $\varnothing$ 25 mm/96,5 – 62 = 34,5 mm, $\varnothing$ 20 mm/62 – 42 = 20 mm, $\varnothing$ 18 mm/42 – 28 = 14 mm und $\varnothing$ 16 mm/28 mm komplett in dieser Einspannung herzustellen. Vorher muss allerdings die stirnseitige Fläche (1) der Welle plan gedreht werden. Diese Fläche dient als Bezugsfläche, von der aus die Horizontalmaße 28 mm, 42 mm, 62 mm und 96,5 mm während der einzelnen Bearbeitungsstufen realisiert und durch Messen direkt kontrolliert werden können.

Nach Herausnehmen der Welle aus dem Futter der Drehmaschine und erneutem Spannen, das zweckmäßigerweise im Bereich d ($\varnothing$ 25 mm, Länge 34,5 mm) erfolgen sollte, lassen sich die Bereiche a, b und c mit den Durchmessern/Längen $\varnothing$ 20 mm/15 mm, $\varnothing$ 25 mm/3,5 mm und $\varnothing$ 31,25 mm/25 mm fertig bearbeiten. Davor muss auch hier die stirnseitige Fläche (2) der Welle plan gedreht werden und von dieser soviel Material abgetragen werden, bis die Länge der Welle das Maß 140 mm hat.

Bis auf die Verzahnung, die auf einer speziellen Verzahnungsmaschine hergestellt wird und bis auf hier nicht näher beschriebenen Bearbeitungsgänge (Fasen an den Stirnflächen und an der Verzahnung, Freistiche an Wellenabsätzen) ist die Getriebewelle fertig gestellt.

Wie dieses Beispiel zeigt, ist bei Drehteilen die Bemaßung unter den Aspekten des Spannens, des Bearbeitens und des Messens vorzunehmen, wobei die plan gedrehten Stirnflächen als Bezugsflächen dienen. Man spricht in diesem Fall von einer Bemaßung „gegen Ansätze".

<u>Hinweis:</u> Das Maß 25 steht deshalb in Klammern, weil es sich aus den Maßen 140, 96,5 und 18,5 mm errechnen lässt. Es ist ein Hilfsmaß, dessen Angabe nicht unbedingt erforderlich ist, aber sinnvoll sein kann.

5.5 Bemaßung von Frästeilen

Als Frästeile werden Bauteile bezeichnet, deren Bearbeitung auf Fräsmaschinen erfolgt. Das herzustellende Bauteil wird dabei mit speziellen Spannmitteln (z. B. Maschinenschraubstock, Spannzangen, etc.) auf dem Maschinentisch befestigt. Die Bearbeitung erfolgt durch die kreisförmige Schnittbewegung des im Fräskopf der Maschine eingespannten Werkzeuges. Die Bemaßung eines Frästeils zeigt Bild 5.4.

Die Abfolge zu seiner Herstellung ist wie folgt: Zunächst wird aus einem Rohteil mit genügendem Aufmaß ein Quader mit den Maßen 60 mm × 40 mm × 30 mm hergestellt. Dabei ist auf Planparallelität der sich jeweils gegenüberliegenden Flächen und auf die Rechtwinkligkeit der Flächen zueinander zu achten. Es eignet sich für diese Bearbeitung am besten ein Stirnfräser. Im Anschluss daran bietet es sich an, die um 60° geneigten Flächen bei entsprechender Spannlage des Bauteils herzustellen. Auch hier kann der Stirnfräser zum Einsatz kommen. Zur Herstellung des Sackloches mit 10 mm Durchmesser (Tiefe 25 mm) und der Längsnut mit 10 mm Breite (Länge 25 mm, Tiefe 8,5 mm) kommt als Werkzeug ein Schaftfräser mit 10 mm Durchmesser zum Einsatz. Der letzte Bearbeitungsgang besteht darin, die seitliche Nut mit einer Breite von 13 mm (Tiefe 7,3 mm) zu fertigen. Hierzu kann entweder ein Schaftfräser mit entsprechendem Durchmesser oder ein Scheibenfräser verwendet werden.

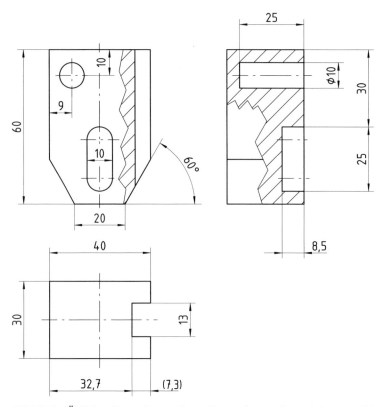

Bild 5.4: Übliche Bemaßung eines Frästeils am Beispiel eines Riegels

Bei Frästeilen ist die Bemaßung ausgehend von zwei (oder auch mehren) Bezugsflächen vorzunehmen. Bei dem hier vorliegenden Riegel (Bild 5.4) werden als Haupt-Bezugsflächen die obere Fläche und die links liegende Fläche (Vorderansicht) verwendet.

Hinweis: Das Maß (7,3) steht als Hilfsmaß in Klammern, da es sich aus den Maßen 40 und 32,7 mm errechnen lässt. Es ist für Herstellung der Nut von Bedeutung (Zustelltiefe des Fräswerkzeuges).

5.6 Bemaßung von Neigungen und Verjüngungen

Bei dem in Bild 5.5 dargestellten Bauteil (Platte mit der Dicke $t = 9$ mm) ist die obere Fläche gegenüber der unteren geneigt.

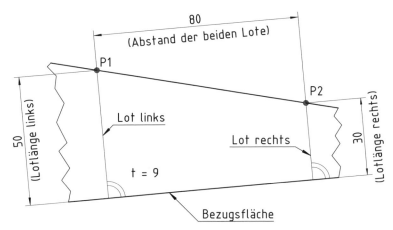

Bild 5.5: *Zur Neigung geneigter Flächen*

Um die Neigung der oberen Fläche gegenüber der unteren mit Maßen festzulegen, ist wie folgt vorzugehen: Auf der unteren Fläche (Bezugsfläche) sind zwei Lote mit den in der geneigten Fläche liegenden Punkten P1, P2 zu errichten. Der Abstand der Lote ist frei wählbar.

Die Neigung ist über die Differenz der linken und rechten Lotlänge geteilt durch den kürzesten Abstand der beiden Lote zu ermitteln. Hier ist

$$\text{Neigung} = \frac{50 \text{ mm} - 30 \text{ mm}}{80 \text{ mm}} = \frac{20 \text{ mm}}{80 \text{ mm}} = \frac{1}{4} = 0{,}25.$$

Die Neigung einer Fläche gegenüber einer anderen kann entweder als Verhältniszahl oder in % angegeben werden. Im Beispiel der Platte (Bild 5.5) ergibt sich: Neigung = 1 : 4 oder Neigung = 25%.

Bild 5.6 zeigt, welche Möglichkeiten es gibt, die Neigung in der Zeichnung zu kennzeichnen: neben dem Neigungssymbol (Dreieck) steht rechts die Verhältniszahl oder der %-Wert.

In Bild 5.6 ist der Winkel angegeben, um den die obere Fläche gegenüber der Bezugsfläche geneigt ist. Da es sich um ein Maß handelt, das sich aus dem Zahlenwert der Neigung berechnen lässt, für die Herstellung der Platte jedoch sinnvoll sein kann, muss dieses Hilfsmaß in Klammern gesetzt werden.

Bei kegel- oder pyramidenförmigen Bauteilen spielt der Begriff der Verjüngung eine Rolle. In Bild 5.7 ist ein Bauteil dargestellt, das aus einem zylinderförmigen Teil besteht, an das sich ein kegelstumpfförmiges anschließt.

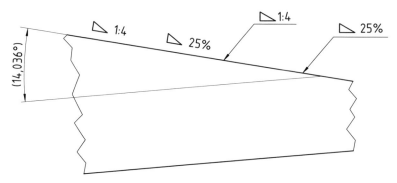

Bild 5.6: Symbole zur Angabe der Neigung von Flächen

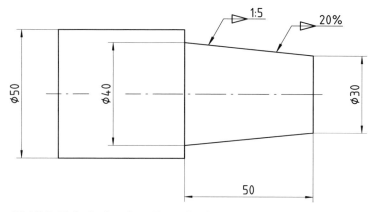

Bild 5.7: Zylinderförmiges Bauteil mit seitlichem Kegelstumpf

Die Verjüngung des Kegelstumpfes wird aus dem Verhältnis der Differenz der beiden Durchmesser zu deren Abstand berechnet. Hier ist

$$\text{Verjüngung} = \frac{40 \text{ mm} - 30 \text{ mm}}{50 \text{ mm}} = \frac{10 \text{ mm}}{50 \text{ mm}} = \frac{1}{5} = 0,2.$$

Die Verjüngung kann entweder als Verhältniszahl oder in % angegeben werden. Im Beispiel der Bauteils des Bildes 5.7 ergibt sich: Verjüngung = 1 : 5 oder Verjüngung = 20 %.

In Bild 5.7 sind auch die Symbole zu finden, mit denen die Verjüngung gekennzeichnet wird. Sie werden oberhalb des Kegelstumpfes angeordnet. Ihre Spitzen zeigen in Richtung des kleineren Durchmessers des Kegelstumpfes.

Bei pyramidenstumpfförmigen Bauteilen wird die Verjüngung analog wie bei kegelstumpfförmigen ermittelt (Bild 5.8). Die Verjüngung ist hier das Verhältnis der Differenz der Seitenlängen der Quadrate zu deren kürzesten Abstand. Hier ist

$$\text{Verjüngung} = \frac{40 \text{ mm} - 20 \text{ mm}}{80 \text{ mm}} = \frac{20 \text{ mm}}{80 \text{ mm}} = \frac{1}{4} = 0,25.$$

5.7 Bemaßung von Kegeln

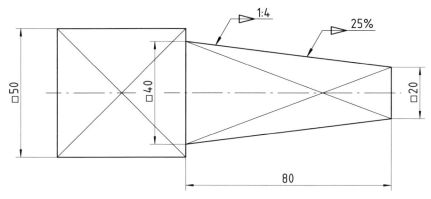

Bild 5.8: Quaderförmiges Bauteil mit seitlichem Pyramidenstumpf

Die Verjüngung des Pyramidenstumpfes ist in gleicher Weise wie beim Kegelstumpf zu kennzeichnen (Bild 5.8).

Hinweis: Sollte der Pyramidenstumpf nicht aus quadratischen sondern aus rechteckigen Grundflächen bestehen, so ergeben sich wegen der unterschiedlichen Seitenlängen zwei unterschiedliche Neigungen, die in der Zeichnung in entsprechenden Ansichten anzugeben sind.

5.7 Bemaßung von Kegeln

Bild 5.9 zeigt zwei Möglichkeiten der Bemaßung von Kegeln (es handelt sich genau genommen um Kegelstümpfe). Werden keine besonderen Anforderungen an die Genauigkeit der Kegelform gestellt, genügt die Angabe der beiden Durchmesser und der Kegellänge. Es kann aus fertigungstechnischen Gründen sinnvoll sein, den halben Kegelwinkel als Hilfsmaß mit anzugeben (Bild 5.9, links). Werden höhere Anforderungen an die Form des Kegels gestellt, ist die Bemaßung nach Bild 5.9 rechts vorzunehmen, indem die Kegelverjüngung als Verhältniswert oder als %-Wert angegeben wird.

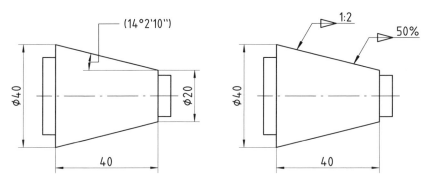

Bild 5.9: Möglichkeiten der Bemaßung von Kegeln

Hinweis: Bei metrischen Kegeln und Morsekegeln nach DIN 228, für die es zur Prüfung der Genauigkeit der Kegelform spezielle Lehren gibt, sind in der Zeichnung die Angabe des größten Lehrendurchmessers und sein Anstand zu einer Bezugsfläche oder Bezugskante erforderlich.

5.8 Bemaßung von Radien und Durchmessern

Bild 5.10 zeigt drei Bauteile mit Rundungen (Radien), die mittels Maßzahl und vorangestelltem R über Maße festgelegt sind. Nach DIN 250 werden Werte für Radien empfohlen, die vorzugsweise zu verwenden sind.

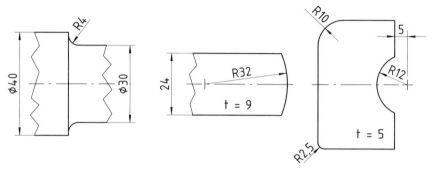

Bild 5.10: Beispiele für die Bemaßung von Radien

Ausgehend vom Mittelpunkt des Radius sind die Maßlinien zu zeichnen. Die Maßlinienbegrenzung ist ein innen- oder außen liegend angeordneter Maßpfeil. Die Lage des Mittelpunktes eines Radius muss eindeutig sein und durch maßliche Angaben festgelegt werden. In Bild 5.10 rechts wird die Lage des Mittelpunktes durch den Abstand von der linken Bauteilkante (Maß 5 mm) festgelegt.

Haben Bauteile mehrere Radien gleicher Größe, so lassen sich diese entsprechend Bild 5.11 bemaßen.

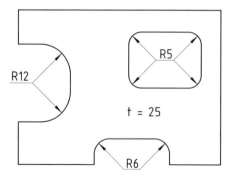

Bild 5.11: Bemaßung von Radien mit gleicher Größe

5.8 Bemaßung von Radien und Durchmessern 43

Das Bauteil des Bildes 5.12 ist mit drei Schlitzen gleicher Geometrie versehen. Die Bemaßung der Schlitze kann wie hier gezeigt vorgenommen werden.

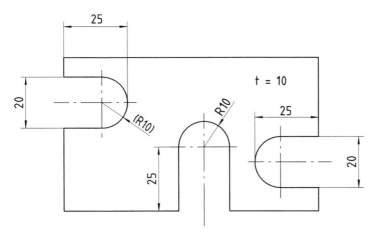

Bild 5.12: *Unterschiedliche Möglichkeiten der Bemaßung von Schlitzen*

Liegt der zu bemaßende Mittelpunkt eines großen Radius außerhalb der Zeichenfläche, so ist seine Maßlinie abgeknickt zu zeichnen. Die beiden Maßlinienteile liegen parallel mit dazu senkrecht angeordneter Knicklinie (Bild 5.13).

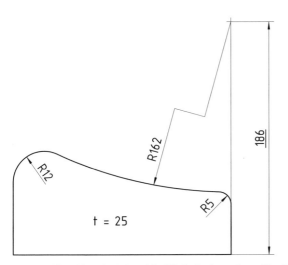

Bild 5.13: *Abgeknickte Maßlinie bei großem Radius*

Bei Bauteilen mit mehreren Radien, die alle einen gemeinsamen Mittelpunkt haben, beginnen die Maßlinien an einem kleinen Kreisbogen oder Kreis (Bild 5.14).

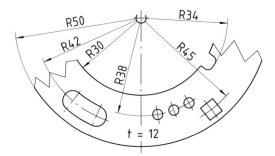

Bild 5.14: Bauteil mit mehreren Radien und gemeinsamen Mittelpunkt

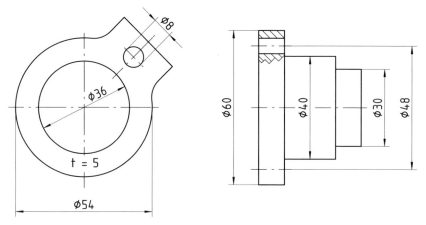

Bild 5.15: Beispiele für die Bemaßung von Durchmessern

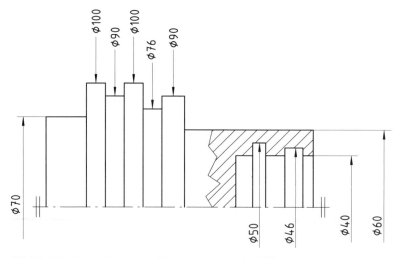

Bild 5.16: Bemaßung von Durchmessern bei Platzmangel

5.9 Bemaßung von Kugeln

Zur Bemaßung von Durchmessern (Kreisform) wird der Maßzahl das Symbol ⌀ vorangestellt (Bild 5.15). Auch wenn aus der Bauteilansicht die Kreisform ersichtlich ist, wird dieses Symbol verwendet (Bild 5.15 links).

Wie Bild 5.16 veranschaulicht, dürfen bei Platzmangel die Durchmesser auch von außen bzw. von innen bemaßt werden.

5.9 Bemaßung von Kugeln

Zur Kennzeichnung der Kugelform wird vor die Bemaßung des Kugeldurchmessers oder des Kugelradius der Buchstabe S gesetzt (Bild 5.17).

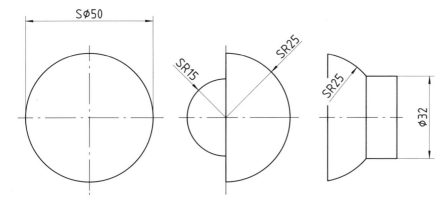

Bild 5.17: Beispiele für die Bemaßung von Kugelformen

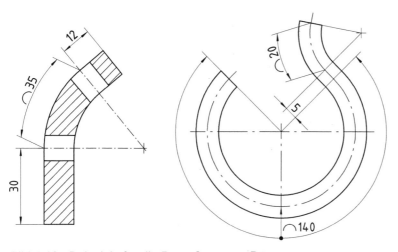

Bild 5.18: Beispiele für die Bemaßung von Bögen

5.10 Bemaßung von Bögen

Zur Bemaßung der Länge eines Bogens wird vor die Maßzahl das Halbkreissymbol mit der Öffnung nach unten gesetzt (Bild 5.18). Ist dem Bogen ein Winkel kleiner als 90° zugeordnet, so zeichnet man die Maßhilfslinien parallel zur Winkelhalbierenden. Bei Bögen mit zugeordneten Winkeln größer als 90° sind die Maßhilfslinien in Richtung des Bogenmittelpunktes zu ziehen. Die eindeutige Kennzeichnung der bemaßten Bogenlänge erfolgt mittels einer Linie mit Pfeil und Punkt (oder Kreis), die nahe der mit dem Halbkreissymbol versehenen Maßzahl anzuordnen ist (Bild 5.18 rechts).

5.11 Bemaßung von Fasen und Senkungen

Unter eine Fase ist eine abgeschrägte Fläche zu verstehen, die durch die Bearbeitung einer Bauteilkante (z. B. durch Drehen) entsteht. Normalerweise haben Fasen einen 45°-Winkel. Beispiele für die Bemaßung von 45°-Fasen zeigt Bild 5.19.

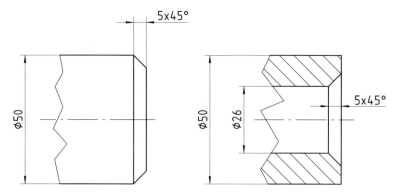

Bild 5.19: Beispiele für die Bemaßung von 45°-Fasen

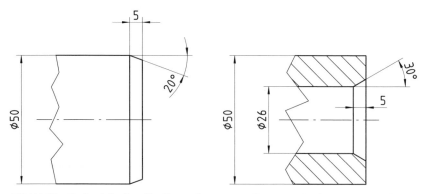

Bild 5.20: Beispiele für die Bemaßung von Fasen mit einem von 45° abweichenden Fasenwinkel

Wird an einem Bauteil eine Fase mit einem von 45° abweichendem Fasenwinkel gewünscht, so sind Länge und Winkel getrennt zu vermaßen (Bild 5.20).

Werden Kanten von Bohrungen kegelförmig bearbeitet, entstehen kegelförmige Senkungen, die beispielsweise zur Aufnahme der Köpfe von Senkkopfschrauben dienen. Es gibt auch zylinderförmige Senkungen, die zur Aufnahme der Köpfe von Zylinderschrauben dienen. Von einen Senkung wird auch gesprochen, wenn eine plane Vertiefung bei einer vorhandenen Bohrung benötigt wird (z. B. zur Herstellung einer ebenen Auflage eines Schraubenkopfes bei einem Gussteil). Beispiele für derartige Senkungen zeigt Bild 5.21.

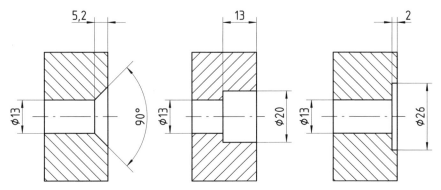

Bild 5.21: Beispiele für die Bemaßung unterschiedlicher Arten von Senkungen

Hinweis: Eine besondere Art von Senkungen stellen Zentrierbohrungen dar. Diese werden bei Bedarf an den Stirnseiten von Drehteilen angebracht, damit diese „in Spitzen" gespannt werden können. Zentrierbohrungen werden mit genormten Zentrierbohrern hergestellt. Die vollständige Darstellung und Bemaßung von Zentrierbohrungen ist eher unüblich, da es hierfür Vereinfachungen gibt (DIN ISO 6411).

5.12 Bemaßung von Teilungen

Gleichabständig, d. h. mit gleicher Teilung auf Bauteilen angeordnete Formelemente (z. B. Bohrungen, Aussparungen, etc.), die auf einer Geraden oder einem Kreisbogen liegen, lassen sich vereinfachend bemaßen. Durch die Beispiele **a** bis **f** des Bildes 5.22 soll dies veranschaulicht werden.

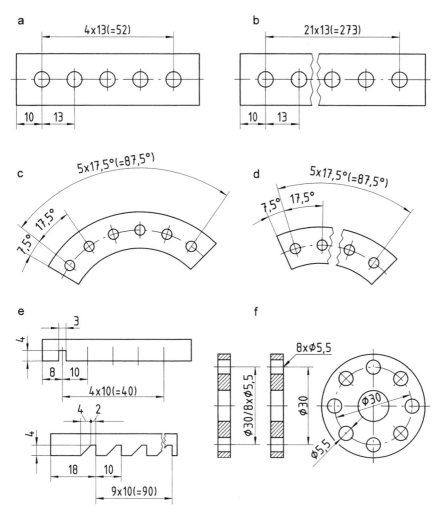

Bild 5.22: Beispiele für die Bemaßung von Teilungen

a: Stabförmiges Bauteil versehen mit fünf gleichabständig angeordneten Bohrungen. Der Bohrungsmittelpunkt der ersten Bohrung hat von der linken Bauteilkante den Abstand 10 mm. Die sich daran anschließenden vier Bohrungen haben als Abstand 13 mm. Dies wird zum Ausdruck gebracht durch die Angabe 4 × 13(= 52). **b**: Bei langen Bauteilen, die wegen ihrer Größe auf der Zeichnung nicht vollständig untergebracht werden können, ist die verkürzte Darstellung mittels Bruchlinien erlaubt. Das Bauteil ist mit zweiundzwanzig gleichabständigen Bohrungen (einundzwanzig gleich große Abstände von 13 mm) versehen. Zum Ausdruck kommt dies durch die Angabe 21 × 13(273). **c**: Hier sind sechs Bohrungen auf einen Kreisbogen gleichabständig angeordnet. Der Abstand der Bohrungen erfolgt durch Angabe des Winkels 17,5°. **d**: Verkürzte Darstellung des „c"-Bauteils mittels Bruchlinien. **e** (oben): Das Bauteil hat am unteren Rand 5 Aussparungen der Breite 3 mm und der Tiefe 4 mm deren Mittenabstände 10 mm betragen. **e** (unten): Am unteren Rand des mittels Bruchlinien verkürzt dargestellten Bauteils befinden sich zehn sägezahnförmige Aussparungen. Die Geometrie des ersten Zahnes wiederholt sich noch neunmal. Dies wird durch die Angabe 9 × 10 (= 90) zum Ausdruck gebracht. **f**: Es werden drei unterschiedliche Möglichkeiten der maßlichen Festlegung von gleichabständig auf einem Kreis mit Durchmesser 30 mm angeordneten Bohrungen (⌀ 5,5 mm) vorgestellt. Winkelangaben sind hier nicht erforderlich, da durch die maßlichen Angaben bzw. die Art der Darstellung die Verteilung der Bohrungen über dem Umfang eindeutig ist.

5.13 Bemaßung mit Hinweislinien

Die Bemaßung mit Hinweislinien wird anhand der Beispiele des Bildes 5.23 verdeutlicht. Die Hinweislinien (schmale Voll-Linien) enden an einer Bauteilkante mit einem Pfeil, an einer Bauteilfläche mit einem Punkt. In allen anderen Fällen (z. B. Mittellinien, Maßlinien) wird auf eine Begrenzung durch Punkt oder Pfeil verzichtet. Die Hinweislinien sind schräg aus der jeweiligen Ansicht herauszuziehen.

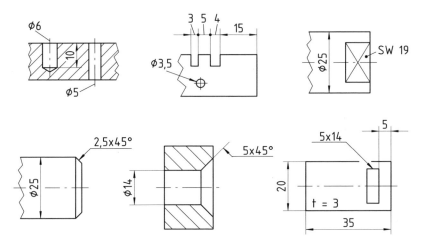

Bild 5.23: Beispiele für die Bemaßung mit Hinweislinien

5.14 Bemaßung von Nuten

Zur eindeutigen Bemaßung von Nuten (Aussparungen, Vertiefungen) sind Angaben zu deren Tiefe, Breite und Länge erforderlich. Im Maschinenbau hat die Passfederverbindung (Bild 4.17) als Well-Nabe-Verbindung besondere Bedeutung; sie benötigt in der Welle und in der Nabe (Bohrung) jeweils eine Nut. Die normgerechte Bemaßung dieser Nuten zeigt Bild 5.24.

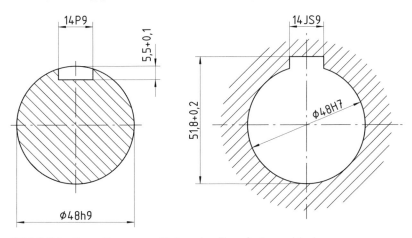

Bild 5.24: Bemaßung von Nuten der Passfederverbindung

Die Bemaßung von Nuten für Passfedern in Wellen ist auch in vereinfachter Form möglich (Bild 5.25).

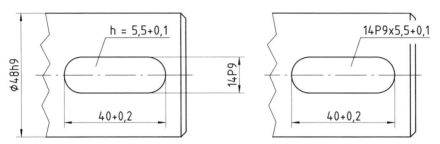

Bild 5.25: Vereinfachte Bemaßung von Passfedernuten in Wellen

Hinweis: Die Maße 14, 5,5, 40, 51,8 und ⌀ 48 (Bilder 5.24 und 5.25) sind mit zusätzlichen Angaben versehen, deren Bedeutung in Kapitel 8 erläutert wird.

5.15 Bemaßung mittels theoretisch genauer Maße

Die Bemaßung mittels theoretisch genauer Maße soll anhand der mit drei Bohrungen versehenen Platte des Bildes 5.26 erläutert werden.

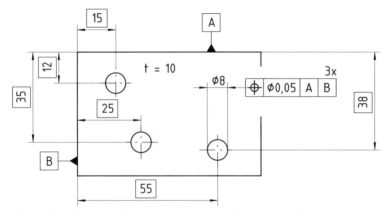

Bild 5.26: Beispiel für die Bemaßung mittels theoretisch genauer Maße

Die Mittelpunkte der Bohrungen werden hinsichtlich ihrer Lage auf der Platte durch jeweils zwei in einen rechteckigen Rahmen gesetzte Maße festgelegt. Derart gekennzeichnete Maße heißen theoretisch genaue Maße. Als Bezugsflächen dienen die mit den Buchstaben A und B gekennzeichneten Flächen. Theoretisch genaue Maße beinhalten keine Toleranz. Da durch Ungenauigkeiten bei der Fertigung der Bohrungen deren Mittelpunkte nicht exakt an den durch die theoretisch genauen Maße festgelegten Punkten liegen können, sind zusätzlich Toleranzangaben erforderlich. Hier wird eine Lagetoleranz in Form einer Positionstoleranz verwendet.

Hinweis: Die Bedeutung der in Bild 5.26 verwendeten Positionstoleranz wird in Kapitel 8 erläutert.

5.16 Kennzeichnung von Prüfmaßen

Die Kennzeichnung von Prüfmaßen erfolgt durch einen gerundeten Rahmen, der als schmale Voll-Linie ausgeführt wird (Bild 5.27). Nach der Herstellung des Bauteils hat die Abteilung Qualitätssicherung die Aufgabe, die Kontrolle dieser Maße vorzunehmen. Wird festgestellt, dass eine Überschreitung der Maßtoleranz vorliegt, ist Nacharbeit bzw. Deklaration des Teils als Ausschuss erforderlich. Der Zusatz 100 % (Bild 5.27 rechts) bedeutet, dass alle Teile eines Loses (also 100 %) hinsichtlich des betreffenden Maßes zu prüfen sind.

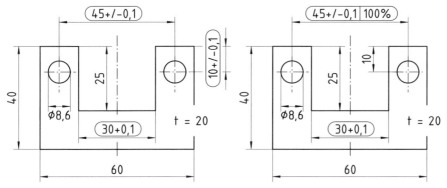

Bild 5.27: Beispiele für die Kennzeichnung von Prüfmaßen

Hinweis: Die Prüfmaße in Bild 5.27 sind mit Maßtoleranzen versehen, deren Bedeutung in Kapitel 7 erläutert wird.

5.17 Unterschiedliche Arten der Maßeintragung

Nach DIN 406-11 gibt es unterschiedliche Arten der Maßeintragung: Die Parallelbemaßung, die steigende Bemaßung, die Koordinatenbemaßung und die kombinierte Bemaßung. Bei der letztgenannten kann beispielsweise die steigende Bemaßung mit der Parallelbemaßung kombiniert werden.

Welche Bemaßungsart in einer Zeichnung zur Bemaßung eines Bauteils verwendet wird, hängt im Wesentlichen von funktionellen und fertigungstechnischen Gesichtspunkten ab. So ist die Kenntnis von Art und Umfang der in einem Unternehmen vorhandenen Werkzeugmaschinen (insbesondere Dreh- und Fräsmaschinen) für die Wahl der Bemaßungsart von entscheidender Bedeutung. Bei der Eintragung von Maßen in technischen Zeichnungen sollte auch stets an den Maschinenbediener gedacht werden. Diese sollte nach Möglichkeit die Maße in der Zeichnung so vorfinden, dass diese ohne Umrechnung („Kopfrechnung") für die Herstellung des Bauteils verwendet werden können.

Werden Bauteile zur Herstellung im Unterauftrag an Fremdunternehmen vergeben, ist zur Vermeidung von Missverständnissen der Bemaßung von technischen Zeichnungen besonderes Augenmerk zu widmen. Dies gilt insbesondere dann, wenn es sich bei den Fremdunternehmen um Firmen im Ausland handelt.

Normen zu Kapitel 5

ISO 15-1	Technische Zeichnungen
	Teil 1: Linien, Grundlagen
ISO 129-1	Technische Zeichnungen – Eintragung von Maßen und Toleranzen
	Teil 1: Allgemeine Grundlagen
DIN 228-1	Morsekegel und Metrische Kegel
	Teil 1: Kegelschäfte
DIN 228-2	Morsekegel und Metrische Kegel
	Teil 2: Kegelhülsen
DIN 254	Geometrische Produktspezifikation (GPS)
	Reihen von Kegeln und Kegelwinkeln; Werte für Einstellwinkel und Einstellhöhen
DIN 406-10	Technische Zeichnungen – Maßeintragung
	Teil 10: Begriffe, allgemeine Grundlagen
DIN 406-11	Technische Zeichnungen – Maßeintragung
	Teil 11: Grundlagen der Anwendung
DIN 406-11	Technische Zeichnungen – Maßeintragung (Beiblatt 1)
	Beiblatt 1 zu Teil 11: Grundlagen der Anwendung, Ausgang der Bearbeitung von Rohteilen
DIN EN ISO 1119	Geometrische Produktspezifikation (GPS)
	Reihen von Kegeln und Kegelwinkeln
DIN ISO 3040	Technische Zeichnungen
	Eintragung von Maßen und Toleranzen für Kegel
DIN ISO 6411	Technische Zeichnungen
	Vereinfachte Darstellung von Zentrierbohrungen
DIN 6774-1	Technische Zeichnungen
	Ausführungsregeln, Vervielfältigungsgerechte Ausführung
DIN 6776-1	Technische Zeichnungen
	Beschriftung, Schriftzeichen
DIN ISO 7083	Technische Zeichnungen
	Graphische Symbole für geometrische Toleranzen, Proportionen und Maße

6 Darstellung und Bemaßung von Gewinden

6.1 Allgemeines

Ein Gewinde ist eine wendelförmige – um einen Außen- oder Innenzylinder gelegte – Einkerbung (Kerbe) mit speziell gestaltetem Profil. Das in einen Außenzylinder eingearbeitete Gewinde heißt Außengewinde (Gewindebolzen), der mit einem Gewinde versehene Innenzylinder heißt Innengewinde (Mutter).

Hinweis: Aufgrund unterschiedlicher Gewindeprofile ergeben sich unterschiedliche (genormte) Gewindearten (z. B. metrisches Gewinde, Trapezgewinde, Sägengewinde, etc.) auf die hier im Detail nicht eingegangen wird. Die Unterscheidung der Gewindearten erfolgt bei der Darstellung in technischen Zeichnungen lediglich durch die Bemaßung und die Beschriftung.

6.2 Außengewinde

Der Bolzen der in Bild 6.1 dargestellten Sechskantschraube ist mit Außengewinde versehen.

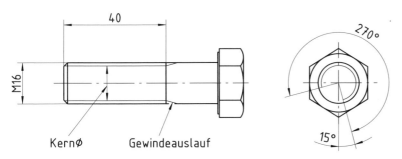

Bild 6.1: Sechskantschraube mit Außengewinde

Durch die Angabe M16 werden die Gewindeart und der Außendurchmesser (= Nenndurchmesser) des Gewindes festgelegt. Der Buchstabe M besagt, dass es sich um ein metrisches Gewinde handelt. Der Nenndurchmesser beträgt 16 mm.

Die nutzbare Gewindelänge (hier: 40 mm) ist die vom Bolzenanfang bis zum letzten vollen Gewindegang reichende Gewindelänge.

Der Kerndurchmesser wird durch schmale Voll-Linien parallel zur Schraubenachse verlaufend dargestellt. Eine Bemaßung des Kerndurchmessers erfolgt nicht, da dieser für die jeweilige Gewindeart abhängig vom Nenndurchmesser als genormter Wert festliegt. Die den Kerndurchmesser charakterisierenden Linien sind hinsichtlich ihres Abstandes zur Mittelachse maßstäblich einzuzeichnen.

Den Abschluss des Gewindes bildet eine bis an den Außendurchmesser heranreichende Linie, die als breite Voll-Linie dargestellt wird.

Der fertigungsbedingte Gewindeauslauf wird von den Kerndurchmesser-Linien ausgehend bis an die Außendurchmesser-Linien herangeführt (schmale Voll-Linie). Er ist für die Nutzung des Gewindes nicht verwendbar. Seine axiale Länge richtet sich nach der Gewindeart und des Herstellungsverfahrens. Meist wird auf die Darstellung des Gewindeauslaufs verzichtet. Am Bolzenanfang ist eine Fase angearbeitet, die in der Seitenansicht nicht dargestellt wird. In der Seitenansicht wird der Kerndurchmesser durch einen 270°-Kreisbogen – um 15° gegenüber den Mittellinien verdreht gezeichnet – repräsentiert.

6.3 Innengewinde

Die in Bild 6.2 dargestellte Sechskantmutter ist mit M16-Innengewinde versehen.

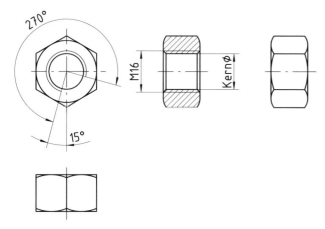

Bild 6.2: *Sechskantmutter mit Innengewinde*

Wie bei der Sechskantschraube (Bild 6.1) werden auch hier durch die Angabe M16 die Gewindeart (metrisches Gewinde) und der Nenndurchmesser (16 mm) festgelegt. Da bei Blick in Richtung der Mutterachse der Kerndurchmesser-Kreis sichtbar ist, wird dieser in breiter Voll-Linie gezeichnet. In der Seitenansicht wird beim Innengewinde der Nenndurchmesser durch einen 270°-Kreisbogen – um 15° gegenüber den Mittellinien verdreht gezeichnet – repräsentiert, der in schmaler Voll-Linie ausgeführt wird. Die in der Schnittdarstellung der Mutter zu sehenden Fasen finden keine Beachtung bei der Darstellung der Vorderansicht.

6.4 Bauteile mit Gewinden im montierten Zustand

6.4.1 Sechskantschraube mit Sechskantmutter

Bild 6.3 zeigt zwei mit Sechskantschraube und Sechskantmutter verschraubte Platten.

6.4 Bauteile mit Gewinden im montierten Zustand 55

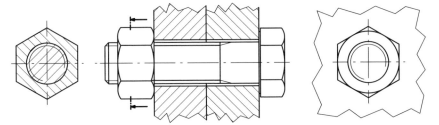

Bild 6.3: Mit Sechskantschraube und Sechskantmutter verschraubte Platten

In der Seitenansicht wird deutlich, dass das Gewinde des Bolzens und nicht das Gewinde der Mutter zur Darstellung gelangt (das Bolzengewinde ist stets vorrangig vor dem Muttergewinde zu zeichnen). Auch bei dem links dargestellten durch Mutter und Bolzen gelegten Schnitt ist dies der Fall. An der Bolzenschraffur ist zu erkennen, dass diese bis an den mit dem Nenndurchmesser gebildeten Kreis herangeführt wird.

Hinweis: Eine Sechskantmutter wird normalerweise nicht im Schnitt dargestellt. Die Schnittdarstellung in Bild 6.3 dient lediglich dazu, die Vorrangigkeit des Bolzengewindes vor dem Muttergewinde bei der Darstellung zu verdeutlichen.

6.4.2 Innensechskantschraube mit Sacklochgewinde

Bild 6.4, links zeigt die Befestigung eines Gehäuseflansches auf einer Grundplatte mittels Innensechskantschraube.

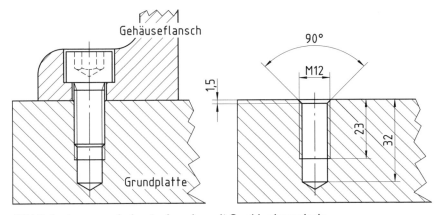

Bild 6.4: Innensechskantschraube mit Sacklochgewinde

Das Innengewinde durchdringt die Grundplatte nicht vollständig, es ist als Sacklochgewinde ausgeführt. Mit Bild 6.4 (rechts) wird zum Ausdruck gebracht, welche Maße zur fertigungsgerechten Bemaßung des Sacklochgewindes erforderlich sind. Mit der Angabe M12 werden die Gewindeart (metrisches Gewinde) und der Nenndurchmesser (12 mm) festgelegt. Das Maß des Kerndurchmessers ist nicht erforderlich, da es aufgrund der Angabe M12 festliegt und aus Tabellen (DIN 13-1) entnommen werden kann. Bei der Herstellung des Sacklochgewindes wird zunächst die Kernlochbohrung mit einem Spiralbohrer, dessen Außendurchmesser gleich dem Gewinde-Kerndurchmesser ist, bis zur Tiefe der Kernlochbohrung (hier: 32 mm) gefertigt. Bevor mit dem M12-Gewindebohrer das Gewinde bis zur nutzbaren Gewindelänge (hier: 23 mm) geschnitten wird, ist die Kernlochbohrung mit einer 90°-Fase zu versehen. In der Zeichnung werden die maßlichen Angaben für die 90°-Fase meistens weggelassen. Auch auf deren Darstellung kann verzichtet werden. Vor dem Schneiden des Gewindes ist aber in jedem Fall die Fase mit einem 90°-Senker herzustellen. An der Sackloch-Kernbohrung bildet sich an ihrem Ende fertigungsbedingt die Spitze des Spiralbohrers ab. Diese wird nicht bemaßt, sie ist jedoch maßstäblich (meist mit 120°-Winkel) zu zeichnen.

Die Darstellungen des Bildes 6.4 verdeutlichen, dass die Schraffurlinien beim Innengewinde bis an den Kerndurchmesser, beim Außengewinde bis an den Außendurchmesser (Nenndurchmesser) herangezogen werden. Auch hier kommt die Vorrangigkeit des Außengewindes gegenüber dem Innengewinde bei der Darstellung zum Ausdruck.

Hinweis: Das im Schraubenkopf liegende Innensechskant zur Aufnahme des Schlüssels wird in Bild 6.4 links durch unsichtbare Kanten (gestrichelte Linien) dargestellt. In der Praxis wird auf die Darstellung des Innensechskantes in Form unsichtbarer Kanten verzichtet.

6.4.3 Stiftschraube mit Sacklochgewinde

Bild 6.5 zeigt die Befestigung zweier Bauteile mittels Stiftschraube.

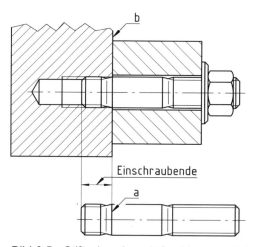

Bild 6.5: Stiftschraube mit Sacklochgewinde

Das Einschraubende der Stiftschraube ist bis zur Klemmung in das Sacklochgewinde eingeschraubt. In der Darstellung kommt dies dadurch zum Ausdruck, dass die Abschlusslinie des Einschraubendes (a) und die Bauteilkante (b) in gleicher Flucht liegen.

6.4.4 Verschraubung von Rohr und Gewindeflansch

Bild 6.6 zeigt in einer Schnittdarstellung das Ende eines mit Außengewinde versehenen Rohres, das mit dem Innengewinde eines Flansches verschraubt ist. Es handelt sich hierbei um ein nach DIN ISO 228 genormtes Rohrgewinde mit der Abmessung G1. Der Flansch ist zusätzlich mit metrischem Feingewinde als Außengewinde versehen.

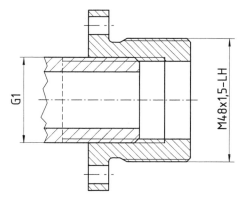

Bild 6.6: Verschraubung von Rohr und Gewindeflansch

Metrische Feingewinde weisen gegenüber den metrischen Gewinden (Regelgewinde) eine kleinere Steigung auf. Beim Feingewinde ist die Angabe der Steigung erforderlich. Das Außen-Feingewinde des Flansches (Bild 6.6) hat eine Steigung von 1,5 mm. Die Angabe LH (Left Hand) weist darauf hin, dass es sich hier um ein Linksgewinde handelt. Bei einem Linksgewinde steigen bei Sicht auf das Gewinde die Gewindegänge nach links an (bei senkrechter Lage der Gewindeachse). Bei einem Rechtsgewinde steigen die Gewindegänge nach rechts an.

6.4.5 Befestigung einer Zahnscheibe mittels Nutmutter

Bild 6.7 unten zeigt das Ende einer Welle, an der eine Zahnscheibe zur Aufnahme eines Zahnriemens mittels Nutmutter unter Verwendung eines Sicherungsbleches gesichert wird.

Diese Art der axialen Sicherung von Bauteilen, die auf Wellen oder Achsen sitzen, wird insbesondere bei Getrieben häufig angewendet.

In Bild 6.7 oben sind Nutmutter und Sicherungsblech als Einzelteile dargestellt. Die mit Feingewinde (hier: M35 × 1,5) ausgeführte Nutmutter weist an ihrem Außendurchmesser 4 gleichmäßig verteilte Nuten auf. Das Sicherungsblech ist am inneren Durchmesser mit einer „Nase" versehen; der äußere Rand hat 17 „Zähne".

Bild 6.7 unten verdeutlicht, dass die „Nase" des Sicherungsbleches in der Haltenut des mit Gewinde ausgeführten Wellenendes liegt. Die Haltenut verläuft axial zur Wellenachse, deren Tiefe so festzulegen ist, dass die Montage des Sicherungsbleches problemlos möglich ist. Das Sicherungsblech kann sich wegen der in der Haltenut sitzenden „Nase" relativ zur Welle in Umfangsrichtung nicht verschieben. Nach dem Aufschrauben und Anziehen der

Nutmutter mit einem Spezialschlüssel (Hakenschlüssel) wird ein „Zahn" des Sicherungsbleches in eine der Nuten der Nutmutter eingebogen. Um dies möglich zu machen, muss beim Anziehen der Nutmutter darauf geachtet werden, dass sich eine ihrer 4 Nuten genau gegenüber einem „Zahn" des Sicherungsbleches befindet. Diesem Sachverhalt wird auch in der Darstellung Rechnung getragen (siehe Kreis mit Strichpunktlinie).

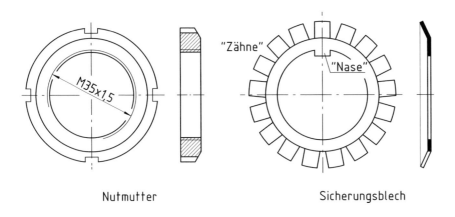

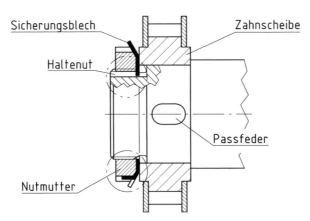

Bild 6.7: Axiale Sicherung einer Zahnscheibe mittels Nutmutter und Sicherungsblech

Auf eine Besonderheit der Gewindedarstellung soll hier ausdrücklich hingewiesen werden: Wegen des Vorhandenseins der Haltenut hat bei der Gewindedarstellung nicht das Außengewinde Vorrang, sondern das Innengewinde der Nutmutter. Das führt dazu, dass die Schnittflächenschraffur der Nutmutter bis an den Kerndurchmesser des Gewindes herangeführt wird (siehe Kreis mit Strich-Zweipunktlinie).

6.5 Verschiedenes

6.5.1 Gewindefreistiche

Bild 6.8 zeigt die Gestaltung und Bemaßung von Gewindefreistichen für Innen- und Außengewinde am Beispiel des metrischen Gewindes M27. Die genormten Freistiche sind fertigungsbedingt erforderlich für den Auslauf des Gewindestahls bei der Herstellung von Gewinden auf Drehmaschinen, insbesondere dann, wenn es sich um Gewinde großer Durchmesser handelt.

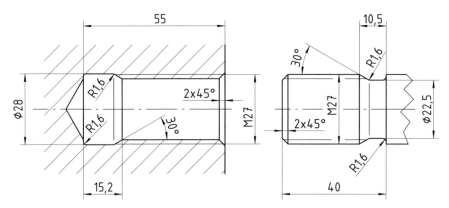

Bild 6.8: Gewindefreistiche für Innen- und Außengewinde nach DIN 76-1

6.5.2 Vereinfachte Angaben für Gewinde

Bild 6.9 zeigt ein quaderförmiges Bauteil mit drei Gewinden in der Ansicht und im Schnitt. Die den Gewinden zugeordneten Angaben geben der Fertigung alle für die Gewindeherstellung erforderlichen Angaben. So ist die Angabe M 6 × 10/Ø 5 × 13 wie folgt zu interpretieren: Es handelt sich um ein metrisches Gewinde mit dem Nenndurchmesser von 6 mm, die nutzbare Gewindelänge beträgt 10 mm, der für die Herstellung der Kernlochbohrung benötigte Bohrer hat einen Durchmesser von 5 mm, die Kernlochbohrung wird mit einer Tiefe von 13 mm ausgeführt.

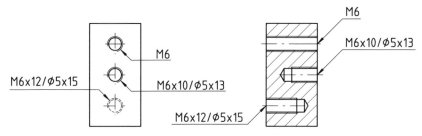

Bild 6.9: Vereinfachte Angaben für Gewinde

Hinweis: Die mit Bild 6.9 vorgestellten vereinfachten Angaben von Gewinden werden vorwiegend dann verwendet, wenn die Gewinde-Nenndurchmesser kleiner bzw. gleich 6 mm sind. Es ist auch erlaubt, auf die Darstellung der Gewinde ganz zu verzichten. Zur eindeutigen Kennzeichnung der Gewinde genügen dann die sinngemäß entsprechend Bild 6.9 vorzunehmenden Angaben, wobei über Mittellinienkreuze die genaue Lage der Gewinde festzulegen ist (die Spitzen der Hinweispfeile liegen hierbei im Zentrum der Mittellinienkreuze).

6.5.3 Mehrgängige Gewinde

In der Regel haben Gewinde nur einen Gewindegang (eingängige Gewinde). Der in Achsrichtung gemessene Abstand von einer Gewindeflanke bis zu nächsten Gewindeflanke wird Steigung genannt. Macht bei einem eingängigen Gewinde eine auf einem Schraubenbolzen aufgeschraubte Mutter eine Umdrehung, so bewegt sich diese bei festgehaltenem Bolzen um das Maß der Steigung in Achsrichtung.

Haben Gewinde mehr als einen Gewindegang, so spricht man von mehrgängigen Gewinden. Mehrgängige Gewinde lassen sich beispielsweise dann vorteilhaft einsetzen, wenn die Mutter bei einer Umdrehung einen großen Weg in Achsrichtung zurücklegen soll.

Beispiel für die Bezeichnung eines mehrgängigen Gewindes: Tr 48 × 18 P 3. Es handelt sich hierbei um ein Trapezgewinde mit einem Nenndurchmesser (= Außendurchmesser) von 48 mm, die Steigung beträgt P_h = 18 mm, die Teilung ist P = 3 mm. Bildet man den Quotienten P_h/P = 18 mm/3 mm = 6, so ergibt sich die Anzahl der Gänge des Gewindes. Das Trapezgewinde Tr 48 × 18 P 3 ist somit ein 6-gängiges Gewinde. Die Steigung P_h gibt das Maß an, um den sich eine Mutter bei einer Umdrehung in Achsrichtung verschiebt. Der in Achsrichtung gemessene Abstand von einer Gewindeflanke bis zu nächsten Gewindeflanke wird bei mehrgängigen Gewinden Teilung P genannt.

Normen zu Kapitel 6

DIN 13-1	Metrisches ISO-Gewinde allgemeiner Anwendung Teil 1: Nennmaße für Regelgewinde, Gewinde-Nenndurchmesser von 1 mm bis 68 mm
DIN 13-2	Metrisches ISO-Gewinde allgemeiner Anwendung Teil 2: Nennmaße für Feingewinde mit Steigungen 0,2 mm, 0,25 mm und 0,35 mm, Gewinde-Nenndurchmesser von 1 mm bis 50 mm
DIN 13-3	Metrisches ISO-Gewinde allgemeiner Anwendung Teil 3: Nennmaße für Feingewinde mit Steigungen 0,5 mm, Gewinde-Nenndurchmesser von 3,5 mm bis 90 mm
DIN 13-4	Metrisches ISO-Gewinde allgemeiner Anwendung Teil 4: Nennmaße für Feingewinde mit Steigungen 0,75 mm, Gewinde-Nenndurchmesser von 5 mm bis 110 mm
DIN 13-5	Metrisches ISO-Gewinde allgemeiner Anwendung Teil 5: Nennmaße für Feingewinde mit Steigungen 1 mm und, 1,25 mm, Gewinde-Nenndurchmesser von 7,5 mm bis 200 mm
DIN 13-6	Metrisches ISO-Gewinde allgemeiner Anwendung Teil 6: Nennmaße für Feingewinde mit Steigungen 1,5 mm und Gewinde-Nenndurchmesser von 12 mm bis 300 mm

6.5 Verschiedenes

DIN 13-20	Metrisches ISO-Gewinde allgemeiner Anwendung Teil 20: Grenzmaße für Regelgewinde mit bevorzugten Toleranzklassen, Gewinde-Nenndurchmesser von 1 mm bis 68 mm
DIN 13-21	Metrisches ISO-Gewinde allgemeiner Anwendung Teil 21: Grenzmaße für Feingewinde mit bevorzugten Toleranzklassen, Gewinde-Nenndurchmesser von 1 mm bis 24,5 mm

<u>Hinweis:</u> Die Normen DIN 13-22 bis DIN 13-26 befassen sich wie DIN 13-21 mit dem Thema „Grenzmaße für Feingewinde mit bevorzugten Toleranzklassen" für Gewinde-Nenndurchmesser von 25 mm bis 52 mm (DIN 13-22), von 53 mm bis 110 mm (DIN 13-23), von 112 mm bis 180 mm (DIN 13-24), von 182 mm bis 250 mm (DIN 13-25) und von 252 mm bis 1000 mm (DIN 13-26).

DIN 13-28	Metrisches ISO-Gewinde Teil 28: Regel- und Feingewinde von 1 mm bis 250 mm Gewindedurchmesser, Kernquerschnitte, Spannungsquerschnitte und Steigungswinkel
DIN 76-1	Gewindeausläufe und Gewindefreistiche Teil 1: Für metrisches ISO-Gewinde nach DIN 13-1
DIN ISO 6410-1	Technische Zeichnungen Teil 1: Gewinde und Gewindeteile, Allgemeines
DIN ISO 6410-2	Technische Zeichnungen Teil 2: Gewinde und Gewindeteile, Gewindeeinsätze
DIN ISO 6410-3	Technische Zeichnungen Teil 3: Gewinde und Gewindeteile, Vereinfachte Darstellung

7 Toleranzen für Maße

7.1 Nennmaß, Abmaße, Grenzmaße, Istmaß, Istabmaß

Bild 7.1 zeigt ein quaderförmiges Bauteil, dessen Maße 70, 40 und 30 mit zusätzlichen Angaben, den Abmaßen +0,2/+0,1, +0,3/–0,1 und +0,05/–0,1 versehen sind. Die Maße 70, 40 und 30 werden auch Nennmaße genannt.

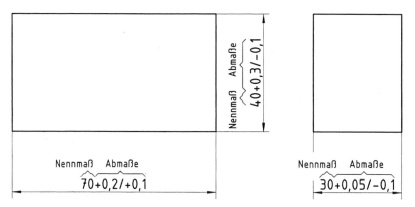

Bild 7.1: Zur Erläuterung der Begriffe Nennmaß und Abmaße

Neben den Nennmaßen stehen zwei durch einen Schrägstrich getrennte Abmaßwerte. Der erste ist der Zahlenwert des oberen Abmaßes, der zweite steht für das untere Abmaß. So hat die Breite das Nennmaß $N = 70$ mm, dem das obere Abmaß $es = +0,2$ mm und das untere Abmaß $ei = +0,1$ mm zugeordnet ist. Aus dem Nennmaß und den Abmaßen lassen sich die Grenzmaße (Höchstmaß und Mindestmaß) ermitteln. Für die Breite ergibt sich das

Höchstmaß $\quad G_o = N + es = 70 \text{ mm} + (+0,2 \text{ mm}) = 70,2 \text{ mm} \quad$ und das

Mindestmaß $\quad G_u = N + ei = 70 \text{ mm} + (+0,1 \text{ mm}) = 70,1 \text{ mm}$.

<u>Hinweis:</u> Die Bezeichnungen *es* und *ei* für oberes und unteres Abmaß sind den älteren, aber auch noch gebräuchlichen Bezeichnungen A_o und A_u vorzuziehen.

Zwischen den beiden Grenzmaßen, also zwischen dem Höchstmaß von 70,2 mm und dem Mindestmaß von 70,1 mm muss nach der Fertigung das Istmaß I der Breite liegen, wenn es nicht zur Überschreitung der Maßtoleranz (siehe Abschnitt 7.2) kommen soll. Istmaße sind die nach der Fertigung vorliegenden durch Messung festgestellten Maße. Beträgt beispielsweise nach der Fertigung das Breiten-Istmaß $I = 70,05$ mm, dann liegt dieses innerhalb der Maßtoleranz und das Ist<u>ab</u>maß beträgt $I - N = 70,05 \text{ mm} - 70 \text{ mm} = 0,05 \text{ mm}$.

7.2 Maßtoleranz, Null-Linie, Toleranzfeld

Die Maßtoleranz wird aus der Differenz von Höchst- und Mindestmaß gebildet. Für die Breite des Bauteils nach Bild 7.1 ergibt sich die

Maßtoleranz $\quad T = G_o - G_u = 70{,}2 \text{ mm} - 70{,}1 \text{ mm} = 0{,}1 \text{ mm} \quad$ oder

Maßtoleranz $\quad T = es - ei = +0{,}2 \text{ mm} - (+0{,}1 \text{ mm}) = 0{,}1 \text{ mm}$.

Hinweis: Die Maßtoleranz hat stets einen positiven Wert. Wird die Maßtoleranz mittels $T = es - ei$ berechnet, ist darauf zu achten, dass die Zahlenwerte für es und ei unter Beachtung des richtigen Vorzeichens eingesetzt werden.

Bild 7.2 veranschaulicht in Form einer Grafik die Begriffe oberes Abmaß, unteres Abmaß, Maßtoleranz, Null-Linie und Toleranzfeld. Anstelle von Maßtoleranz wird oft auch nur von Toleranz gesprochen. Die Null-Linie ist die Ausgangslinie für das Abtragen des oberen und unteren Abmaßes.

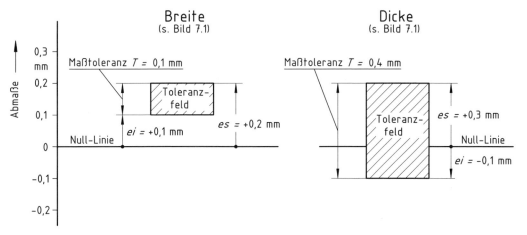

Bild 7.2: Zur Erläuterung der Begriffe oberes Abmaß, unteres Abmaß, Maßtoleranz, Null-Linie und Toleranzfeld für Breite und Dicke des Bauteils nach Bild 7.1

Als Toleranzfeld wird in der Grafik das durch oberes und unteres Abmaß begrenzte Feld bezeichnet. Die Breite (waagerechte Länge) der in Bild 7.2 dargestellten Toleranzfelder ist frei wählbar.

7.3 Toleranzbegriffe für Welle und Bohrung

Die in den Abschnitten 7.1 und 7.2 erläuterten Begriffe und Gleichungen gelten für Außenmaße. Als Außenmaße werden Maße bezeichnet, die „von außen" gemessen werden, z. B. mit den (langen) Schenkeln eines Messschiebers. Die Außendurchmesser der einzelnen Teilstücke einer Maschinenwelle sind Außenmaße; die mittig liegende Bohrung eines auf einer Welle sitzenden Zahnrades ist ein Innenmaß, das „von innen" z. B. mit den dafür vorgesehenen schneidenförmigen (kurzen) Schenkeln eines Messschiebers gemessen werden kann. In diesem Abschnitt sollen die für Welle (Außenmaß) und Bohrung (Innenmaß) gebräuchlichen Begriffe gegenübergestellt werden.

Die Welle mit den Größen es, ei, G_{oW}, G_{uW} und T_W zeigt Bild 7.3, links. In Bild 7.3, rechts sind die für die Bohrung maßgebenden Größen ES, EI, G_{oB}, G_{uB} und T_B zu finden. Für die Abmaße ist die Null-Linie die Ausgangslinie.

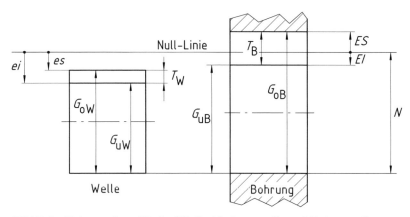

Bild 7.3: Toleranzbegriffe für Welle (Außenmaß) und Bohrung (Innenmaß)

Wie Bild 7.3 zu entnehmen ist, werden die Zeichen für die Abmaße der Bohrung ES, EI mit großen Buchstaben, die Abmaße der Welle es, ei mit kleinen Buchstaben gebildet. Nachfolgend werden die Gleichungen zur Berechnung des Höchstmaßes, des Mindestmaßes und der Toleranz von Welle (Außenmaß) und Bohrung (Innenmaß) aufgeführt:

Höchstmaß-Welle: $G_{oW} = N + es$ Mindestmaß-Welle: $G_{uW} = N + ei$

Höchstmaß-Bohrung: $G_{oB} = N + ES$ Mindestmaß-Bohrung: $G_{oB} = N + EI$

Maßtoleranz-Welle: $T_W = G_{oW} - G_{uW}$ oder $T_W = es - ei$

Maßtoleranz-Bohrung: $T_B = G_{oB} - G_{uB}$ oder $T_B = ES - EI$.

<u>Hinweis:</u> Es ist zu beachten, dass diese Gleichungen nur dann richtige Ergebnisse liefern, wenn die Zahlenwerte für es, ES und ei, EI mit den korrekten Vorzeichen eingesetzt werden.

7.4 ISO-Toleranzklassen

Eine weitere Möglichkeit der Angabe von Maßtoleranzen in technischen Zeichnungen besteht in der Verwendung der nach DIN ISO 286 genormten ISO-Toleranzklassen. Als Beispiel hierfür zeigt Bild 7.4 eine Hülse mit der Angabe von Maßtoleranzen in Form von ISO-Toleranzklassen.

7.4 ISO-Toleranzklassen

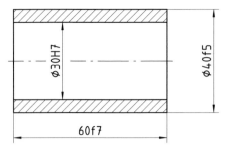

Bild 7.4: Bauteil mit Maßtoleranzen in Form von ISO-Toleranzklassen

Tafel 7.1: ISO-Toleranzklassen f3 bis f9 (Auszug aus ISO-Toleranztabellen für Nennmaße von 1 bis 500 mm nach DIN ISO 286)

Kurzzeichen	f							Abmaße in µm
	3	4	5	6	7	8	9	
1 bis 3	-6 -8	-6 -9	-6 -10	-6 -12	-6 -16	-6 -20	-6 -31	
über 3 bis 6	—	-10 -14	-10 -15	-10 -18	-10 -22	-10 -28	-10 -40	
über 30 bis 50	—	-25 -32	-25 -36	-25 -41	-25 -50	-25 -64	-25 -87	
über 50 bis 80	—	-30 -38	-30 -43	-30 -49	-30 -60	-30 -76	-30 -104	
über 80 bis 120	—	-36 -46	-36 -51	-36 -58	-36 -71	-36 -90	-36 -123	
über 315 bis 400	—	-62 -80	-62 -87	-62 -98	-62 -119	-62 -151	-62 -202	
über 400 bis 500	—	-68 -88	-68 -95	-68 -108	-68 -131	-68 -165	-68 -223	

Jede ISO-Toleranzklasse besteht aus einem oder auch aus zwei Buchstaben mit einer daneben stehenden Zahl. Der oder die Buchstaben geben die relative Lage der Toleranz (des Toleranzfeldes) zur Null-Linie an. Die Zahl, die auch Toleranzgrad genannt wird, gibt die Größe der Toleranz (des Toleranzfeldes) an.

So hat z. B. das Maß 60 (Nennmaß) mit der ISO-Toleranzklasse f7 (Bild 7.4) als oberes Abmaß $es = -0,03$ mm und als unteres Abmaß $ei = -0,06$ mm. Die Maßtoleranz beträgt somit $T = es - ei = -0,03$ mm $- (-0,06$ mm$) = 0,03$ mm.

Bei der ISO-Toleranzklasse f7 besagt der Buchstabe f, dass der Abstand des Toleranzfeldes von der Null-Linie für das Nennmaß 60 mm gleich $-0,03$ mm beträgt. Dieser Wert ändert sich für den Nennmaßbereich von über 50 mm bis 80 mm nicht; für andere Nennmaßbereiche ergeben sich andere Werte für den Abstand des Toleranzfeldes von der Null-Linie (Tafel 7.1).

Deutlich lässt sich anhand der Zahlenwerte für oberes und unteres Abmaß (Tafel 7.1) erkennen, dass sich mit ansteigendem Nennmaßbereich auch der Abstand des Toleranzfeldes von der Null-Linie und die Maßtoleranz vergrößern.

Bild 7.5 zeigt ausgewählte ISO-Toleranzklassen für Innenteile (z. B. Wellen) und für Außenteile (z. B. Bohrungen) in maßstabsgerechter Darstellung. Toleranzklassen für Innenteile werden mit kleinen Buchstaben, die für Außenteile mit großen Buchstaben gekennzeichnet.

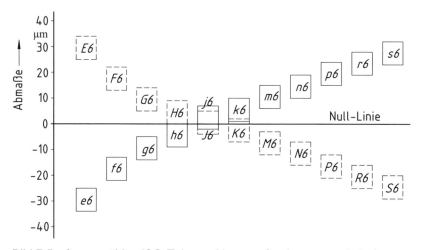

Bild 7.5: Ausgewählte ISO-Toleranzklassen für Innen- und Außenteile, Nennmaßbereich 6 mm bis 10 mm

Hinweis: Es wird empfohlen, für die Festlegung von Maßtoleranzen mittels ISO-Toleranzklassen auf die ISO-Toleranztabellen für Nennmaße von 1 bis 500 mm nach DIN ISO 286 zurückzugreifen.

Eine besondere Bedeutung haben die mit den Buchstaben H und h versehenen ISO-Toleranzklassen. Sie spielen bei den Systemen Einheitsbohrung und Einheitswelle eine wichtige Rolle (Kapitel 11).

7.5 Angabe von Maßtoleranzen – Beispiele

Die Bilder 7.6, 7.7 und 7.8 geben Beispiele für die Angabe von Maßtoleranzen in technischen Zeichnungen.

Bild 7.6 zeigt die Darstellung einer mit Maßangaben versehenen Führungsplatte.

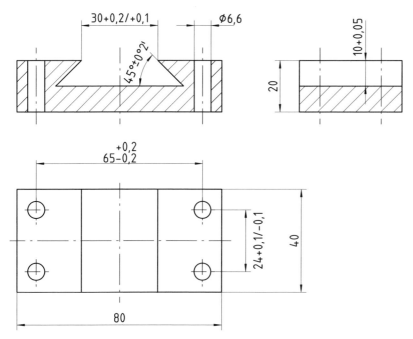

Bild 7.6: Führungsplatte

Hinter den Nennmaßen 30, 10, 65, 24 und 45° sind Abmaße zu finden, die gleiche Schriftgröße wie die Nennmaße haben. In der Regel werden die Abmaße auf der Höhe der Nennmaße – getrennt durch einen Schrägstrich – angeordnet, wie dies bei 30 +0,2/+0,1 der Fall ist.

Eine weitere Möglichkeit der Anordnung der Abmaße besteht darin, diese übereinander zu schreiben. Das untere Abmaß steht hierbei hinter dem Nennmaß auf gleicher Höhe; das obere Abmaß befindet sich oberhalb des unteren Abmaßes, wie dies beim Nennmaß 65 verdeutlicht wird.

Beim Nennmaß 10 ist nur das obere Abmaß +0,05 angegeben; das nicht angegebene untere Abmaß ist 0. Dessen Angabe ist durchaus erlaubt, meistens wird jedoch wie hier darauf verzichtet.

Das Winkel-Nennmaß 45° weist ein oberes und unteres Abmaß von gleichem Betrag auf: das obere Abmaß beträgt +0°2′, das untere −0°2′. Für diesen Sonderfall ist die Schreibweise ±0°2′ vorzusehen.

Zur weiteren Verdeutlichung der Bemaßung von Winkeln soll Bild 7.7 dienen. Es zeigt die Darstellung einer Platte mit an unterem und linkem Rand befindlichen Aussparungen.

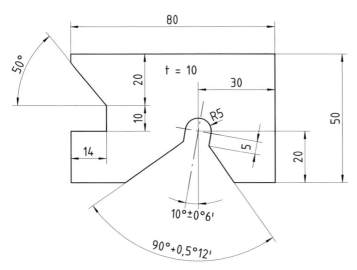

Bild 7.7: Platte mit an den Rändern angeordneten Aussparungen

Die am unteren Rand vorhandene Aussparung mit 90°-Öffnungswinkel (= Winkel-Nennmaß) hat ein oberes Winkel-Abmaß von +5°12′. Mit dem (nicht angegebenem) unteren Winkel-Abmaß von 0° berechnet sich die Winkel-Toleranz zu

$T_{90°\text{-Winkel}} = G_{o90°\text{-Winkel}} - G_{u90°\text{-Winkel}} = (90° + 0,5°12′) - (90°) = 90,7° - 90° = 0,7°$

$T_{90°\text{-Winkel}} = ES_{90°\text{-Winkel}} - EI_{90°\text{-Winkel}} = (+0,5°12′) - (0°) = +0,7° - 0° = 0,7°$.

Für den 10°-Neigungswinkel mit dem oberen Winkel-Abmaß von +0°6′ und dem unteren Winkel-Abmaß von –0°6′ ergibt sich die Winkel-Toleranz zu

$T_{10°\text{-Winkel}} = G_{o10°\text{-Winkel}} - G_{u10°\text{-Winkel}} = (10° + 0°6′) - (10° - 0°6′) = 10,1° - 9,9° = 0,2°$

$T_{10°\text{-Winkel}} = ES_{10°\text{-Winkel}} - EI_{10°\text{-Winkel}} = (+0°6′) - (-0°6′) = +0,1° - (-0,1°) = 0,2°$.

Bild 7.8 zeigt den in einer Gleitlagerbuchse gelagerten Zapfen einer Welle; es soll damit die Verwendung der nach DIN ISO 286 genormten ISO-Toleranzklassen verdeutlicht werden.

Durch die hinter den Nennmaßen ⌀ 26 und ⌀ 32 angegebenen Toleranzklassen sind die zugehörigen oberen und unteren Abmaße bekannt, die zweckmäßigerweise den ISO-Toleranztabellen (DIN ISO 286) entnommen werden. Die beiden Toleranzklassen für die hier zusammengefügt dargestellten Bauteile können hintereinander (durch Schrägstrich getrennt) oder übereinander geschrieben werden. Zu beachten ist dabei, dass die Toleranzklasse für das Außenteil (Innendurchmesser, großer Toleranzbuchstabe) vor oder über dem des Innenteils (Außendurchmesser, kleiner Toleranzbuchstabe) angeordnet wird. Hinter

7.5 Angabe von Maßtoleranzen – Beispiele

dem Nennmaß ⌀ 40 steht die Toleranzklasse h9, womit die Abmaße und somit die Toleranz des Wellen-Außendurchmessers festliegen.

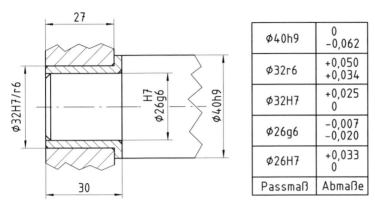

Passmaß	Abmaße
⌀40h9	0 / −0,062
⌀32r6	+0,050 / +0,034
⌀32H7	+0,025 / 0
⌀26g6	−0,007 / −0,020
⌀26H7	+0,033 / 0

Bild 7.8: *In einer Gleitlagerbuchse gelagerter Wellenzapfen*

Es ist zweckmäßig, die den Toleranzklassen zugeordneten Abmaße (abhängig vom jeweiligen Nennmaß) in einer Tabelle auf der Bauteilzeichnung anzugeben (Bild 7.8 rechts). Es gibt aber auch die Möglichkeit, die den Toleranzklassen zugeordneten Abmaße (in Klammern geschrieben) in die Bemaßung zu übernehmen (Bild 7.9).

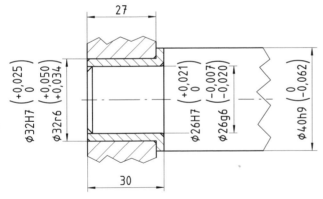

Bild 7.9: *Angabe der Abmaße in Klammern neben der jeweiligen Toleranzklasse*

Bei den in den Bildern 7.6 bis 7.9 gezeigten Beispielen gibt es einige Längen- und Winkel-Nennmaße, hinter denen sich keine Abmaßangaben befinden. Für diese Maße sind die nach DIN ISO 2786-1 genormten Grenzabmaße (Allgemeintoleranzen) anzuwenden (Tafeln 7.2 und 7.3).

Tafel 7.2: Grenzabmaße für Längenmaße (außer für gebrochene Kanten) – Auszug aus DIN ISO 2768-1

Werte in mm

Toleranzklasse		Grenzabmaße für Nennmaßbereiche							
Kurz-zeichen	Benenn-ung	von 0,5[1]) bis 3	über 3 bis 6	über 6 bis 30	über 30 bis 120	über 120 bis 400	über 400 bis 1000	über 1000 bis 2000	über 2000 bis 4000
f	fein	±0,05	±0,05	±0,1	±0,15	±0,2	±0,3	±0,5	-
m	mittel	±0,1	±0,1	±0,2	±0,3	±0,5	±0,8	±1,2	±2

[1]) Für Nennmaße unter 0,5 mm sind die Grenzabmaße direkt an dem (den) entspr. Nennmaß(en) anzugeben

Tafel 7.3: Grenzabmaße für Winkelmaße – Auszug aus DIN ISO 2768-1

Toleranzklasse		Grenzabmaße für Längenbereiche (in mm) für den kürzeren Schenkel des betreffenden Winkels				
Kurz-zeichen	Be-nennung	bis 10	über 10 bis 50	über 50 bis 120	über 120 bis 400	über 400
f	fein	±1°	±0°30'	±0°20'	±0°10'	±0°5'
m	mittel					

Für den 50°-Winkel der Aussparung am linken Rand der Platte (Bild 7.7) wird nach Tafel 7.3 für den Genauigkeitsgrad „mittel" als oberes Abmaß +30' und als unteres Abmaß –30' angegeben. Damit ergibt sich die Winkel-Toleranz zu

$$T_{50°\text{-Winkel}} = G_{o50°\text{-Winkel}} - G_{u50°\text{-Winkel}} = (50° + 30') - (50° - 30') = 50,5° - 49,5° = 1°$$

$$T_{50°\text{-Winkel}} = ES_{50°\text{-Winkel}} - EI_{50°\text{-Winkel}} = (+30') - (-30') = +0,5° - (-0,5°) = 1°.$$

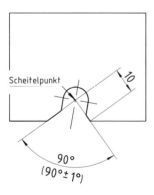 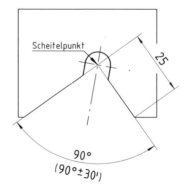

Bild 7.10: Zwei Platten mit unterschiedlich großen 90°-Aussparungen

7.5 Angabe von Maßtoleranzen – Beispiele

Tafel 7.3 ist zu entnehmen, dass mit größer werdender Länge des kürzeren Winkel-Schenkels die Grenzabmaße kleiner ausfallen. Zur näheren Erläuterung dieses Sachverhalts soll Bild 7.10 dienen, das zwei Platten mit unterschiedlich großen 90°-Aussparungen am unteren Rand zeigt.

Die Länge des kurzen Schenkels (vom Scheitelpunkt aus gemessen) beträgt bei der links dargestellten Platte 10 mm. Aus Tafel 7.3 entnimmt man dafür für die Toleranzklassen „fein" und „mittel" die Grenzabmaße ±1°. Das Größtmaß ist somit 91°, das Mindestmaß 89°. Die Winkel-Toleranz beträgt 2°.

Bei der rechts zu sehenden Platte ist die Länge des kurzen Schenkels 25 mm. Aus Tafel 7.3 entnimmt man dafür für die Toleranzklassen „fein" und „mittel" die Grenzabmaße ±30′. Das Größtmaß ist somit 90,5°, das Mindestmaß 89,5°. Die Winkel-Toleranz beträgt hier 1°.

Die kleinere 90°-Aussparung der linken Platte ist schwieriger herzustellen als die größere 90°-Aussparung der rechten Platte. Deshalb ist es sinnvoll, der linken Platte eine größere Winkel-Toleranz als der rechten Platte zu geben.

<u>Hinweis:</u> In den Tafeln 7.2 und 7.3 sind die Grenzabmaße für die Toleranzklassen „fein" und „mittel" aufgeführt, die im Maschinenbau bevorzugt zur Anwendung kommen (es gibt auch noch die Toleranzklassen „grob" und „sehr grob").

Normen zu Kapitel 7

DIN ISO 286-1	ISO-System für Grenzmaße und Passungen Teil 1: Grundlagen für Toleranzen, Abmaße und Passungen; Identisch mit ISO 286-1: 1988
DIN ISO 286-2	ISO-System für Grenzmaße und Passungen Teil 2: Tabellen der Grundtoleranzgrade und Grenzabmaße für Bohrungen und Wellen; Identisch mit ISO 286-2: 1988
DIN ISO 2768-1	Allgemeintoleranzen Teil 1: Toleranzen für Längen- und Winkelmaße ohne einzelne Toleranzeintragung; Identisch mit ISO 2768-1: 1989

8 Toleranzen für Form und Lage

8.1 Allgemeines

Die in Zeichnungen dargestellten Bauteile werden vielfach mit Symboliken versehen, die zur Form- bzw. Lagetolerierung bestimmter Bauteilelemente dienen. Bei den solcherart tolerierten Elementen kann es sich z. B. um die Fläche oder Achse eines Bauteils handeln. Mit den nach DIN ISO 1101 für die Form- und Lagetolerierung genormten Symbolen werden Zonen (Toleranzzonen) definiert, innerhalb derer die tolerierten Elemente zwecks Einhaltung der Toleranz liegen müssen. Wichtig zu beachten ist, dass Form- und Lagetoleranzen nur dann in Bauteilzeichnungen eingetragen werden sollten, wenn diese unter den Aspekten der Funktion, der Austauschbarkeit und der Fertigung der Bauteile unbedingt erforderlich sind. Wie für die Maßtoleranzen gibt es auch für die Form- und Lagetoleranzen Allgemeintoleranzen, auf die in Abschnitt 8.5 eingegangen wird.

8.2 Formtoleranzen

Formtoleranzen haben die Aufgabe, die zulässige Abweichung eines Bauteilelementes von seiner geometrisch idealen Form zu begrenzen. Mit den nach DIN ISO 1101 für Formtoleranzen verwendeten Symbolen werden u. a. Toleranzzonen festgelegt, innerhalb derer das tolerierte Element beliebige Form haben darf. Es gibt folgende Formtoleranzen: Geradheit, Ebenheit, Rundheit, Zylinderform, Linienform und Flächenform.

In Tafel 8.1 werden für jede dieser Formtoleranzen Beispiele gezeigt, wobei links die Beispiel-Bauteile mit dem jeweiligen Symbol der tolerierten Eigenschaft und dem Toleranzwert in einem Rahmen (Toleranzrahmen) dargestellt sind. Ausgehend vom Toleranzrahmen führt eine Linie, an deren Ende ein Pfeil auf das tolerierte Element zeigt. Rechts neben den Darstellungen der Beispiel-Bauteile geben die meist isometrisch dargestellten Toleranzzonen Auskunft über deren geometrische Form. Innerhalb der jeweiligen Toleranzzone ist eine mögliche Form des tolerierten Elementes (gestrichelte Linie) im Vergleich mit dessen idealer Form (strichpunktierte Linie) eingezeichnet. Unterhalb der Darstellungen befindet sich noch ein erklärender Text. Bei Betrachtung der Darstellungen der Tafel 8.1 sollte man sich über die Gestalt der Toleranzzonen Klarheit verschaffen, wobei räumliches Vorstellungsvermögen trainiert werden kann.

Hinweis: Die bei der zeichnerischen Darstellung von Formtoleranzen verwendeten Symbole werden in Abschnitt 8.4.1 erläutert.

8.2 Formtoleranzen

Tafel 8.1: Beispiele für Formtoleranzen

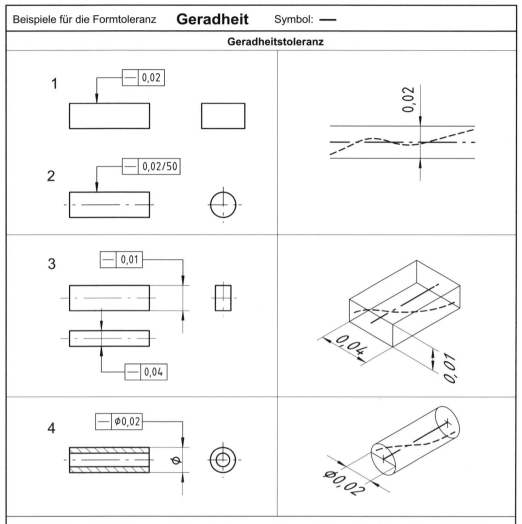

Zu 1: Die Geradheitstoleranz wird eingehalten, wenn jede parallel zur Darstellung liegende Linie der oberen Bauteil-Fläche zwischen zwei parallelen Geraden vom Abstand 0,02 mm liegt. Die Toleranzzone wird durch diese Geraden begrenzt.

Zu 2: Die Geradheitstoleranz wird eingehalten, wenn jeder Abschnitt von 50 mm Länge jeder beliebigen Zylinder-Mantellinie zwischen zwei parallelen Geraden vom Abstand 0,02 mm liegt. Die Toleranzzone wird durch diese Geraden begrenzt.

Zu 3: Die Geradheitstoleranz wird eingehalten, wenn die Achse des Stabes innerhalb eines Quaders von 0,01 mm Weite in senkrechter Richtung und einer Weite von 0,04 mm in waagerechter Richtung liegt. Die Toleranzzone wird durch diesen Quader begrenzt, dessen Länge gleich der Länge des Stabes ist.

Zu 4: Die Geradheitstoleranz wird eingehalten, wenn die Achse des äußeren Zylinders innerhalb eines zu dieser Achse koaxial liegenden Zylinders vom Durchmesser 0,02 mm liegt. Die Toleranzzone wird durch diesen Zylinder begrenzt, dessen Länge mit der Länge des Rohres übereinstimmt.

Tafel 8.1: Beispiele für Formtoleranzen (Fortsetzung 1)

Beispiel für die Formtoleranz	**Ebenheit**	Symbol: ⌐⌂
Ebenheitstoleranz		

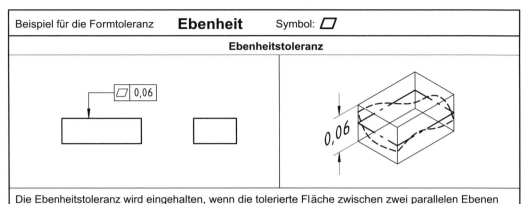

Die Ebenheitstoleranz wird eingehalten, wenn die tolerierte Fläche zwischen zwei parallelen Ebenen vom Abstand 0,06 mm liegt. Die Toleranzzone wird durch diese Ebenen begrenzt.

Beispiel für die Formtoleranz	**Rundheit**	Symbol: O
Rundheitstoleranz (Kreisformtoleranz)		

Die Rundheitstoleranz wird eingehalten, wenn die Umfangslinie (Kontur) jedes Querschnittes zwischen zwei in derselben Ebene liegenden konzentrischen Kreisen vom Abstand 0,08 mm liegt. Die Toleranzzone wird durch diese Kreise, die in der zur Achse senkrechten Messebene liegen, begrenzt. Die zur Ermittlung der Rundheitsabweichung existierenden Verfahren werden in Abschnitt 8.6.1 erläutert.

Beispiel für die Formtoleranz	**Zylinderform**	Symbol: ⌀
Zylinderformtoleranz		

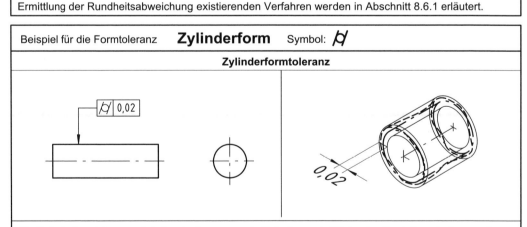

Die Zylinderformtoleranz wird eingehalten, wenn die Zylindermantelfläche des Bauteils zwischen zwei koaxialen Zylindern vom Abstand 0,02 mm liegt. Die Toleranzzone wird von diesen Zylindern begrenzt, deren Länge gleich der Länge des Bauteils ist.

8.2 Formtoleranzen

Tafel 8.1: Beispiele für Formtoleranzen (Fortsetzung 2)

Beispiel für die Formtoleranz	**Linienform**	Symbol: ⌒
Profilformtoleranz einer beliebigen Linie		

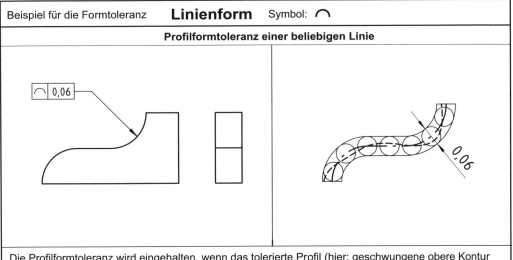

Die Profilformtoleranz wird eingehalten, wenn das tolerierte Profil (hier: geschwungene obere Kontur des Bauteils) in jedem zur Zeichenebene parallel liegendem Schnitt zwischen zwei Linien liegt, die Kreise vom Durchmesser 0,06 mm einhüllen. Die Mittelpunkte dieser Kreise liegen auf der Line geometrisch idealer Form. Die Toleranzzone wird durch die Einhüllenden der Kreise begrenzt.

Beispiel für die Formtoleranz	**Flächenform**	Symbol: ⌓
Profilformtoleranz einer beliebigen Fläche		

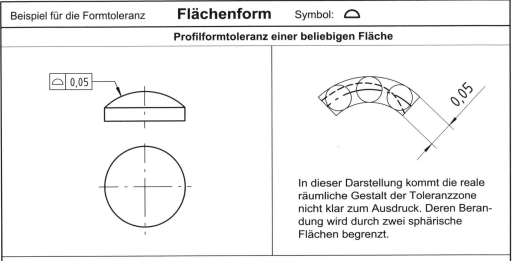

In dieser Darstellung kommt die reale räumliche Gestalt der Toleranzzone nicht klar zum Ausdruck. Deren Berandung wird durch zwei sphärische Flächen begrenzt.

Die Profiltoleranz wird eingehalten, wenn das tolerierte Profil (hier: Oberfläche eines Kugelabschnittes) zwischen zwei Flächen liegt, die Kugeln vom Durchmesser 0,05 mm einhüllen. Die Mittelpunkte dieser Kugeln liegen auf der Fläche geometrisch idealer Form. Die Toleranzzone wird durch die Einhüllenden der Kugeln begrenzt.

8.3 Lagetoleranzen

Werden die in technischen Zeichnungen dargestellten Bauteile mit Symbolen zur Lagetolerierung versehen, so haben diese die Aufgabe, die zulässige Abweichung der Lage eines Bauteilelementes in Bezug auf die Lage eines anderen Bauteilelementes – des Bezugselements – zu begrenzen. Die Toleranzzone, innerhalb derer das tolerierte Element beliebige Form haben darf, ist stets in Verbindung mit dem Bezugselement zu sehen. Als Bezugselemente können bei Bauteilen z. B. Flächen, Achsen oder Mittelebenen verwendet werden. Lagetoleranzen werden nach DIN ISO 1101 in Richtungs-, Orts- und Lauftoleranzen unterteilt, deren weitere Unterteilung Bild 8.1 zeigt.

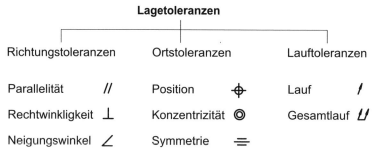

Bild 8.1: Unterteilung der Lagetoleranzen nach DIN ISO 1101 mit Symbolen

In den folgenden Tafeln 8.2, 8.3 und 8.4 werden eine Vielzahl von Beispielen für die Anwendung von Lagetoleranzen vorgestellt, wobei links die Beispiel-Bauteile mit dem jeweiligen Symbol der tolerierten Eigenschaft, der Toleranzwert und der auf das Bezugselement verweisende Bezugsbuchstaben im Toleranzrahmen dargestellt sind. Auch hier weist – wie bei den Formtoleranzen – der Pfeil, der mit dem Toleranzrahmen über eine Linie verbunden ist, auf das tolerierte Element hin. Die Kennzeichnung des Bezugselementes erfolgt durch den von einem Rahmen umschlossen Bezugsbuchstaben. Vom Rahmen geht eine Linie aus, die zum Bezugsdreieck führt. Steht das Bezugsdreieck auf einer Fläche, ist als Bezugselement die betreffende Fläche gemeint. Ersetzt das Bezugsdreieck einen Maßpfeil oder steht direkt diesem gegenüber, wird als Bezugselement eine Achse oder Mittelebene gekennzeichnet.

<u>Hinweis:</u> Die bei der zeichnerischen Darstellung von Lagetoleranzen verwendeten Symbole werden in Abschnitt 8.4.2 erläutert.

8.3 Lagetoleranzen

Tafel 8.2: Beispiele für Lagetoleranzen (Richtungstoleranzen)

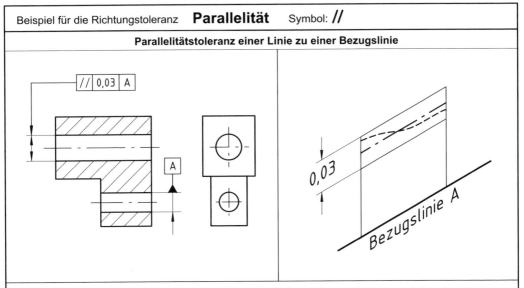

Die Parallelitätstoleranz wird eingehalten, wenn die tolerierte Achse zwischen zwei Geraden vom Abstand 0,03 mm liegt. Die Geraden verlaufen parallel zur Bezugslinie A. Die Toleranzzone wird durch diese Geraden begrenzt. Sie erstreckt sich in der Richtung, die durch die Lage der Maßlinie der oberen Bohrung vorgegeben wird (senkrechte Richtung).

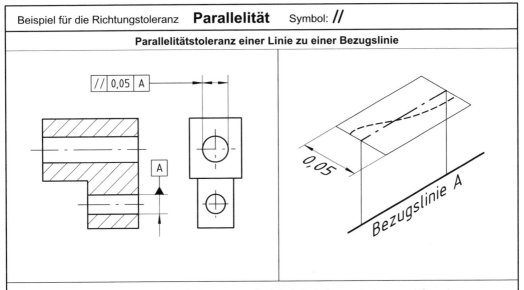

Die Parallelitätstoleranz wird eingehalten, wenn die tolerierte Achse zwischen zwei Geraden vom Abstand 0,05 mm liegt. Die Geraden verlaufen parallel zur Bezugslinie A. Die Toleranzzone wird durch diese Geraden begrenzt. Sie erstreckt sich in der Richtung, die durch die Lage der Maßlinie der oberen Bohrung vorgegeben wird (waagerechte Richtung).

Tafel 8.2: Beispiele für Lagetoleranzen (Richtungstoleranzen) (Fortsetzung 1)

Beispiel für die Richtungstoleranz **Parallelität** Symbol: **//**
Parallelitätstoleranz einer Linie zu einer Bezugslinie

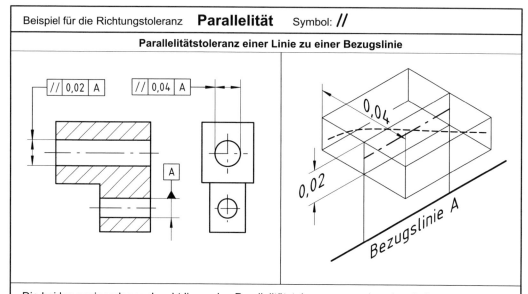

Die beiden zueinander senkrecht liegenden Parallelitätstoleranzen werden eingehalten, wenn die toleriete Achse innerhalb eines Quaders liegt, der eine Weite von 0,04 mm in waagerechter Richtung und 0,02 mm in senkrechter Richtung hat. Die durch den Quader begrenzte Toleranzzone liegt parallel zur Bezugslinie A. Die Länge des Quaders ist gleich der Länge der tolerierten Achse.

Beispiel für die Richtungstoleranz **Parallelität** Symbol: **//**
Parallelitätstoleranz einer Linie zu einer Bezugslinie

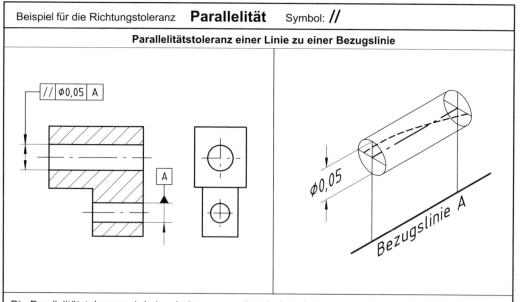

Die Parallelitätstoleranz wird eingehalten, wenn die toleriete Achse innerhalb eines Zylinders liegt, der einen Durchmesser von 0,05 mm hat. Die durch den Zylinder begrenzte Toleranzzone liegt parallel zur Bezugslinie A. Die Länge des Zylinders ist gleich der Länge der tolerierten Achse.

8.3 Lagetoleranzen

Tafel 8.2: Beispiele für Lagetoleranzen (Richtungstoleranzen) (Fortsetzung 2)

Beispiel für die Richtungstoleranz **Parallelität** Symbol: **//**
Parallelitätstoleranz einer Linie zu einer Bezugsfläche
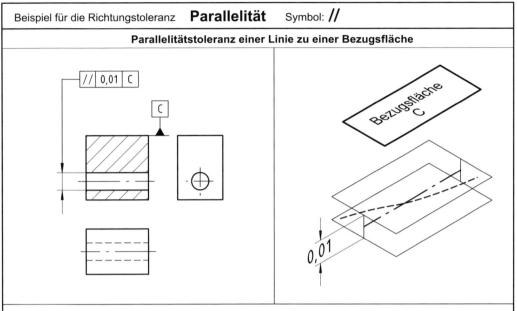
Die Parallelitätstoleranz wird eingehalten, wenn die toleriete Achse der Bohrung zwischen zwei parallelen Ebenen vom Abstand 0,01 mm liegt. Beide Ebenen liegen zur Bezugsfläche C parallel.

Beispiel für die Richtungstoleranz **Parallelität** Symbol: **//**
Parallelitätstoleranz einer Fläche zu einer Bezugslinie
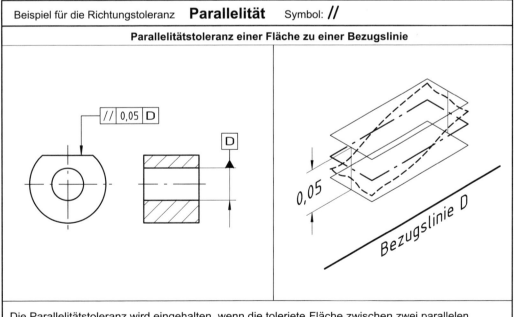
Die Parallelitätstoleranz wird eingehalten, wenn die toleriete Fläche zwischen zwei parallelen Ebenen vom Abstand 0,05 mm liegt. Beide Ebenen liegen zur Bezugslinie D parallel.

Tafel 8.2: Beispiele für Lagetoleranzen (Richtungstoleranzen) (Fortsetzung 3)

Beispiel für die Richtungstoleranz **Parallelität** Symbol: //
Parallelitätstoleranz einer Fläche zu einer Bezugsfläche
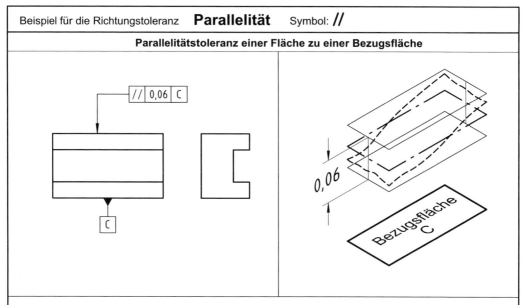
Die Parallelitätstoleranz wird eingehalten, wenn die tolerierte Fläche zwischen zwei parallelen Ebenen vom Abstand 0,06 mm liegt. Beide Ebenen liegen zur Bezugsfläche C parallel. Die Toleranzzone wird durch diese Ebenen begrenzt.

Beispiel für die Richtungstoleranz **Rechtwinkligkeit** Symbol: ⊥
Rechtwinkligkeitstoleranz einer Linie zu einer Bezugslinie
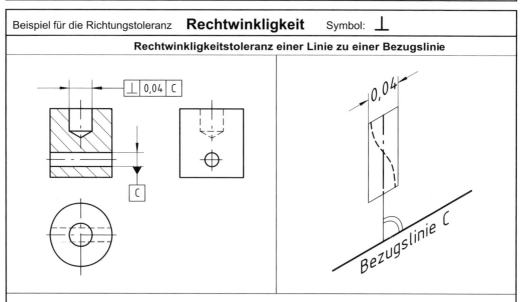
Die Rechtwinkligkeitstoleranz wird eingehalten, wenn die tolerierte Achse der oberen Bohrung zwischen zwei parallelen Geraden vom Abstand 0,04 mm liegt. Beide Geraden stehen senkrecht zur Bezugslinie C. Die Toleranzzone wird durch diese Geraden begrenzt.

8.3 Lagetoleranzen

Tafel 8.2: Beispiele für Lagetoleranzen (Richtungstoleranzen) (Fortsetzung 4)

Beispiel für die Richtungstoleranz **Rechtwinkligkeit** Symbol: ⊥
Rechtwinkligkeitstoleranz einer Linie zu einer Bezugsfläche

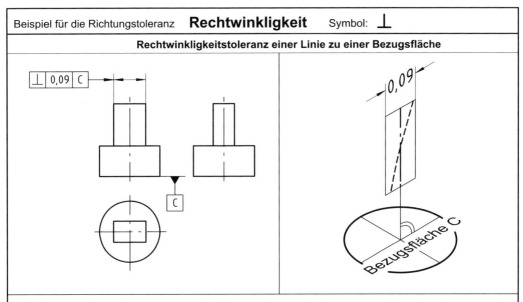

Die Rechtwinkligkeitstoleranz wird eingehalten, wenn die toleriete Achse des Quaders zwischen zwei parallelen Geraden vom Abstand 0,09 mm liegt. Beide Geraden stehen senkrecht zur Bezugsfläche C. Die Toleranzzone wird durch diese Linien begrenzt.

Beispiel für die Richtungstoleranz **Rechtwinkligkeit** Symbol: ⊥
Rechtwinkligkeitstoleranz einer Linie zu einer Bezugsfläche

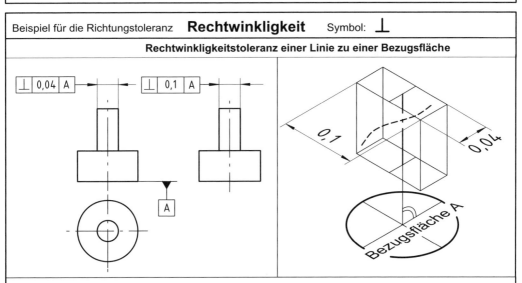

Die beiden zueinander senkrecht liegenden Rechtwinkligkeitstoleranzen werden eingehalten, wenn die toleriete Achse des oberen Zylinders innerhalb eines Quaders liegt, der in einer Richtung eine Weite von 0,04 mm und in der dazu senkrechten Richtung eine Weite von 0,1 mm hat. Die durch den Quader begrenzte Toleranzzone steht senkrecht auf der Bezugsfläche A. Die Höhe des Quaders ist gleich der Länge der tolerierten Achse.

Tafel 8.2: Beispiele für Lagetoleranzen (Richtungstoleranzen) (Fortsetzung 5)

Beispiel für die Richtungstoleranz **Rechtwinkligkeit** Symbol: ⊥
Rechtwinkligkeitstoleranz einer Linie zu einer Bezugsfläche

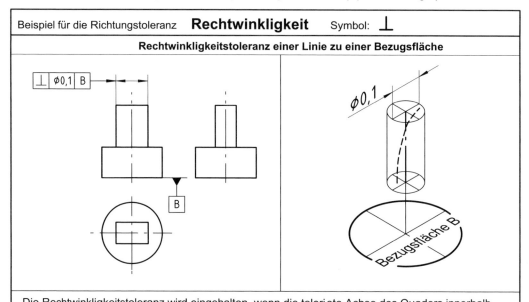

Die Rechtwinkligkeitstoleranz wird eingehalten, wenn die tolerierte Achse des Quaders innerhalb eines Zylinders liegt, der einen Durchmesser von 0,1 mm hat. Die durch den Zylinder begrenzte Toleranzzone liegt senkrecht zur Bezugsfläche B. Die Länge des Zylinders ist gleich der Länge der tolerierten Achse.

Beispiel für die Richtungstoleranz **Rechtwinkligkeit** Symbol: ⊥
Rechtwinkligkeitstoleranz einer Fläche zu einer Bezugslinie

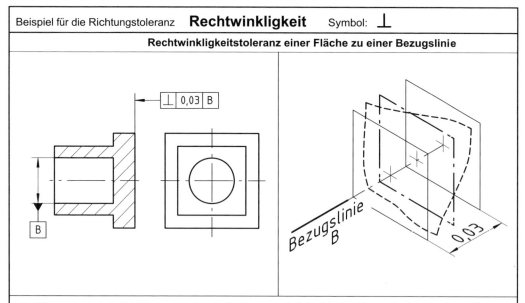

Die Rechtwinkligkeitstoleranz wird eingehalten, wenn die tolerierte Fläche zwischen zwei parallelen Ebenen vom Abstand 0,03 mm liegt. Beide Ebenen stehen senkrecht zur Bezugslinie B. Die Toleranzzone wird durch diese Ebenen begrenzt.

8.3 Lagetoleranzen

Tafel 8.2: Beispiele für Lagetoleranzen (Richtungstoleranzen) (Fortsetzung 6)

Beispiel für die Richtungstoleranz **Rechtwinkligkeit** Symbol: ⊥
Rechtwinkligkeitstoleranz einer Fläche zu einer Bezugsfläche

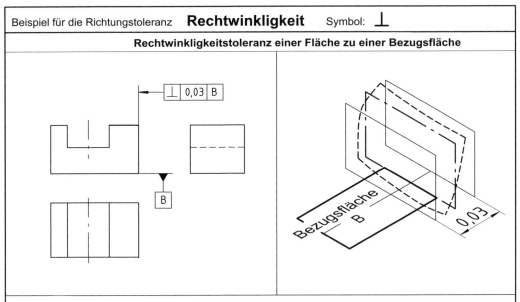

Die Rechtwinkligkeitstoleranz wird eingehalten, wenn die tolerierte Fläche zwischen zwei parallelen Ebenen vom Abstand 0,03 mm liegt. Beide Ebenen stehen senkrecht zur Bezugsebene B. Die Toleranzzone wird durch diese Ebenen begrenzt.

Beispiel für die Richtungstoleranz **Neigung** Symbol: ∠
Neigungstoleranz einer Linie zu einer Bezugslinie (Linie und Bezugslinie liegen in derselben Ebene)

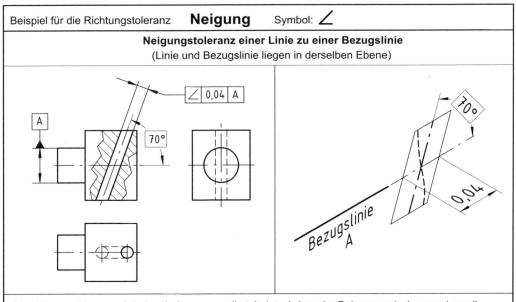

Die Neigungstoleranz wird eingehalten, wenn die tolerierte Achse der Bohrung zwischen zwei parallelen Geraden vom Abstand 0,04 mm liegt. Beide Geraden sind gegenüber der Bezugslinie A um den Winkel 70° geneigt. Die Toleranzzone wird durch diese Geraden begrenzt.

Tafel 8.2: Beispiele für Lagetoleranzen (Richtungstoleranzen) (Fortsetzung 7)

Beispiel für die Richtungstoleranz **Neigung** Symbol: ∠
Neigungstoleranz einer Linie zu einer Bezugslinie (Linie und Bezugslinie liegen in verschiedenen Ebenen) |蟲

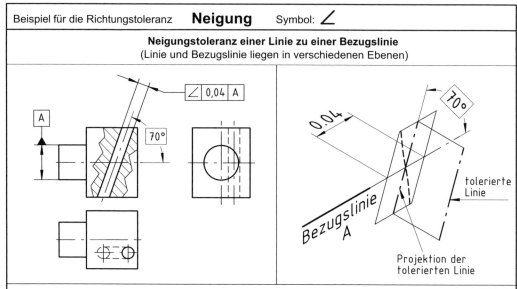

Die Neigungstoleranz wird eingehalten, wenn die Projektion der tolerieten Linie zwischen zwei parallelen Geraden vom Abstand 0,04 mm liegt. Beide Geraden sind gegenüber der Bezugslinie A um den Winkel 70° geneigt. Die projizierte Linie liegt in der Ebene, in der auch die Bezugslinie A liegt. Die Toleranzzone wird durch die beiden parallel liegenden Geraden vom Abstand 0,04 mm begrenzt.

Beispiel für die Richtungstoleranz **Neigung** Symbol: ∠
Neigungstoleranz einer Linie zu einer Bezugsfläche

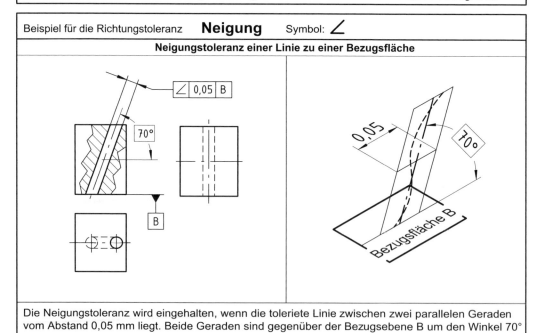

Die Neigungstoleranz wird eingehalten, wenn die toleriete Linie zwischen zwei parallelen Geraden vom Abstand 0,05 mm liegt. Beide Geraden sind gegenüber der Bezugsebene B um den Winkel 70° geneigt. Die Toleranzzone wird durch diese Geraden begrenzt.

8.3 Lagetoleranzen

Tafel 8.2: Beispiele für Lagetoleranzen (Richtungstoleranzen) (Fortsetzung 8)

Beispiel für die Richtungstoleranz **Neigung** Symbol: ∠
Neigungstoleranz einer Fläche zu einer Bezugslinie

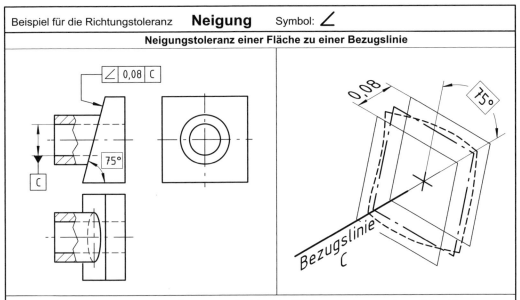

Die Neigungstoleranz wird eingehalten, wenn die toleriete Fläche zwischen zwei parallelen Ebenen vom Abstand 0,08 mm liegt. Beide Ebenen sind gegenüber der Bezugslinie C um den Winkel 75° geneigt. Die Toleranzzone wird durch diese Ebenen begrenzt.

Beispiel für die Richtungstoleranz **Neigung** Symbol: ∠
Neigungstoleranz einer Fläche zu einer Bezugsfläche

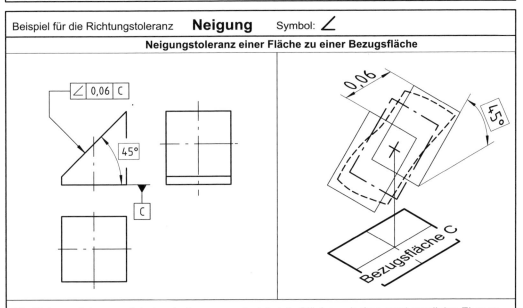

Die Neigungstoleranz wird eingehalten, wenn die toleriete Fläche zwischen zwei parallelen Ebenen vom Abstand 0,06 mm liegt. Beide Ebenen sind gegenüber der Bezugsfläche C um den Winkel 45° geneigt. Die Toleranzzone wird durch diese Ebenen begrenzt.

Tafel 8.3: Beispiele für Lagetoleranzen (Ortstoleranzen)

Beispiel für die Ortstoleranz **Position** Symbol: ⌖
Positionstoleranz eines Punktes
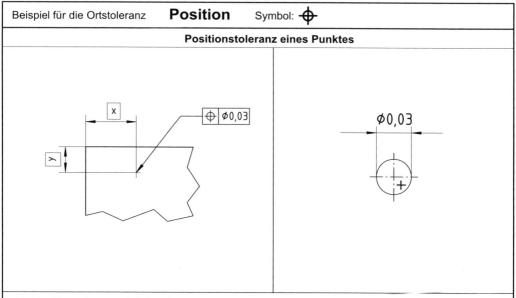
Die Positionstoleranz wird eingehalten, wenn der tolerierte Punkt innerhalb eines Kreises vom Durchmesser 0,03 mm liegt. Die Toleranzzone wird durch diesen Kreis begrenzt. Der Mittelpunkt des Kreises liegt am theoretisch genauen Ort, der durch die Koordinaten x und y festgelegt wird.
Beispiel für die Ortstoleranz **Position** Symbol: ⌖
Positionstoleranz einer Linie
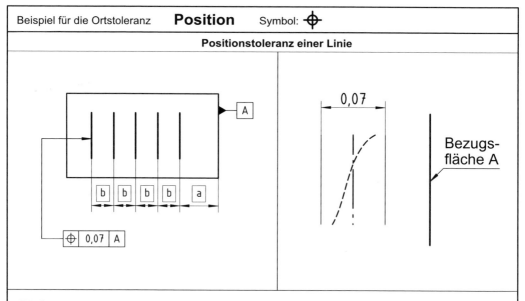
Die Positionstoleranz wird eingehalten, wenn jede der tolerierten Linien zwischen zwei parallelen Geraden vom Abstand 0,07 mm liegt. Die Geraden liegen parallel zur Bezugsfläche A. Der theoretisch genaue Ort der tolerierten Linien wird durch die Abstandsmaße a und b festgelegt.

8.3 Lagetoleranzen

Tafel 8.3: Beispiele für Lagetoleranzen (Ortstoleranzen) (Fortsetzung 1)

Beispiel für die Ortstoleranz	**Position**	Symbol: ⊕
Positionstoleranz einer Linie		

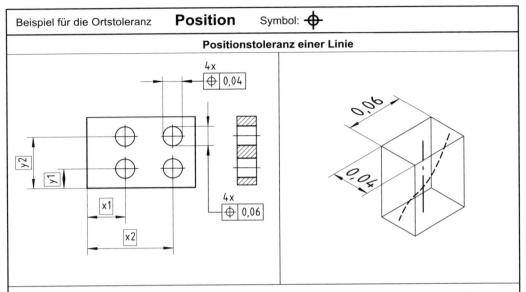

Die Positionstoleranzen werden eingehalten, wenn die tolerieten Achsen innerhalb eines Quaders von 0,04 mm in waagerechter und 0,08 mm in senkrechter Richtung liegen. Die Achsen der Bohrungen liegen an theoretisch genauen Orten, die durch die Koordinaten x1, x2, y1 und y2 festgelegt werden. Die jeweilige Toleranzzone wird durch den Quader (Höhe gleich der Dicke der Platte) begrenzt.

Beispiel für die Ortstoleranz	**Position**	Symbol: ⊕
Positionstoleranz einer Linie		

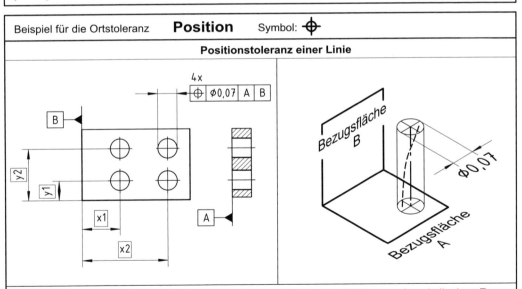

Die Positionstoleranz wird eingehalten, wenn die toleriete Achse der Bohrungen innerhalb eines Zylinders vom Durchmesser 0,07 mm liegt. Die Achsen der Bohrungen liegen in Bezug auf die Flächen A und B (Bezugsflächen) an theoretisch genauen Orten, die durch die Koordinaten x1, x2, y1 und y2 festgelegt werden. Die jeweilige Toleranzzone wird durch den Zylinder (Höhe gleich Dicke der Platte) begrenzt.

Tafel 8.3: *Beispiele für Lagetoleranzen (Ortstoleranzen) (Fortsetzung 2)*

Beispiel für die Ortstoleranz	**Position**	Symbol: ⌖
Positionstoleranz einer ebenen Fläche oder einer Mittelebene		

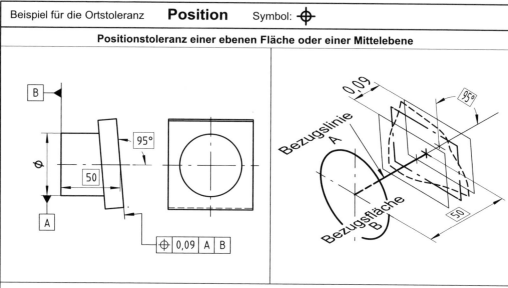

Die Positionstoleranz wird eingehalten, wenn die tolerierte Fläche zwischen zwei parallelen Ebenen vom Abstand 0,09 mm liegt. Diese Ebenen liegen symmetrisch zum theoretisch genauen Ort der tolerierten Fläche, die als Bezüge die Bezugslinie A und die Bezugsfläche B hat. Die Toleranzzone wird durch die beiden parallelen Ebenen (Abstand 0,09 mm) begrenzt.

Beispiel für die Ortstoleranz	**Konzentrizität**	Symbol: ◎
Konzentrizitätstoleranz eines Punktes		

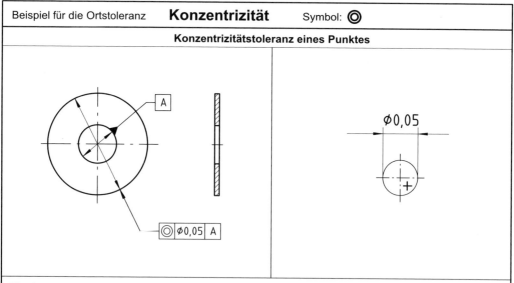

Die Konzentrizitätstoleranz wird eingehalten, wenn die Mitte des Kreises, der mit dem Toleranzrahmen verbunden ist, innerhalb eines Kreises vom Durchmesser 0,05 mm liegt. Dieser Kreis liegt konzentrisch zur Mitte des Bezugskreises A. Die Toleranzzone wird durch den Kreis mit dem Durchmesser 0,05 mm begrenzt.

Tafel 8.3: Beispiele für Lagetoleranzen (Ortstoleranzen) (Fortsetzung 3)

Beispiel für die Ortstoleranz **Konzentrizität** Symbol: ⊚
Konzentrizitätstoleranz einer Achse
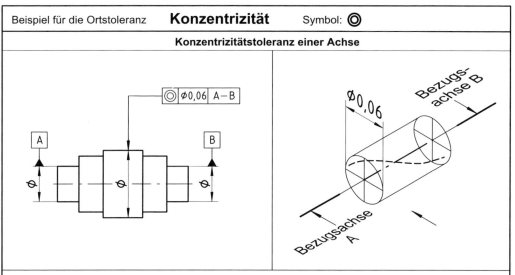
Die Konzentrizitätstoleranz wird eingehalten, wenn die Achse des tolerierten Zylinders innerhalb eines Zylinders vom Durchmesser 0,05 mm liegt, dessen Achse zur Bezugsachse A - B koaxial verläuft. Die Bezugsachse A - B ist die aus den beiden Bezugsachsen A und B gebildete gemeinsame Achse. Die Toleranzzone wird durch den Zylinder vom Durchmesser 0,05 mm begrenzt. Ihre Länge ist gleich der Länge der tolerierten Achse.

Beispiel für die Ortstoleranz **Symmetrie** Symbol: ⌯
Symmetrietoleranz einer Mittelebene
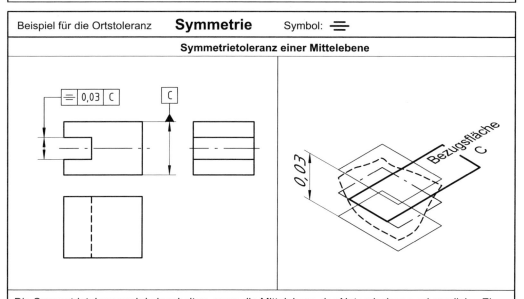
Die Symmetrietoleranz wird eingehalten, wenn die Mittelebene der Nut zwischen zwei parallelen Ebenen vom Abstand 0,03 mm liegt. Diese liegen symmetrisch zur Bezugsebene C. Die Toleranzzone wird begrenzt durch die beiden Ebenen vom Abstand 0,03 mm. Die Länge der Toleranzzone ist gleich der Tiefe der Nut.

Tafel 8.3: Beispiele für Lagetoleranzen (Ortstoleranzen) (Fortsetzung 4)

Beispiel für die Ortstoleranz	**Symmetrie**	Symbol: ≡

Symmetrietoleranz einer Linie oder einer Achse

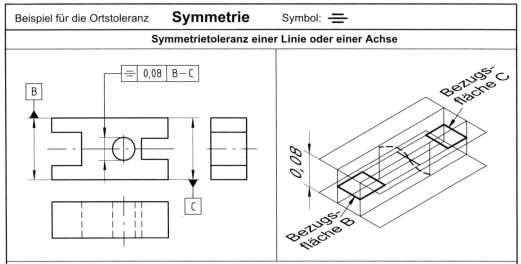

Die Symmetrietoleranz wird eingehalten, wenn die Achse der Bohrung zwischen zwei parallelen Ebenen vom Abstand 0,08 mm liegt. Diese liegen symmetrisch zu der gemeisamen Bezugsebene B - C. Die Bezugsebene B - C ist die aus den beiden Bezugsflächen B und C gebildete gemeinsame Ebene. Die Toleranzzone wird durch die beiden parallel liegenden Ebenen vom Abstand 0,08 mm begrenzt. Soll die Toleranzzone der Bohrungsachse weiter eingeschränkt werden, so sind Symboliken ähnlich wie in DIN ISO 1101 (zweites Beispiel von 14.12.2) gezeigt, zu verwenden.

8.3 Lagetoleranzen

Tafel 8.4: Beispiele für Lagetoleranzen (Lauftoleranzen)

Beispiel für die Lauftoleranz **Lauf** Symbol: ∕
Rundlauftoleranz

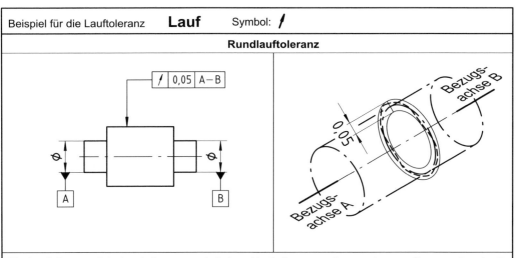

Die Lauftoleranz wird eingehalten, wenn bei einer Umdrehung um die gemeinsame Bezugsachse A - B (gebildet aus den Bezugsachsen A und B) die Rundlaufabweichung in jeder Messebene 0,05 mm nicht überschreitet. Die Toleranzzone wird in jeder bliebigen Messebene durch zwei senkrecht zur Achse stehende konzentrische Kreise (Abstand 0,05 mm) begrenzt. Soll die Lauftoleranz nicht für eine vollständige Umdrehung um die Bezugsachse gelten oder sollen kegelige oder gekrümmte Flächen mit Lauftoleranzen versehen werden, so sind Symboliken zu verwenden, die in DIN ISO 1101 unter den Beispielen 14.13.1, 14.13.3 bzw. 14.13.4 zu finden sind.

Beispiel für die Lauftoleranz **Lauf** Symbol: ∕
Planlauftoleranz

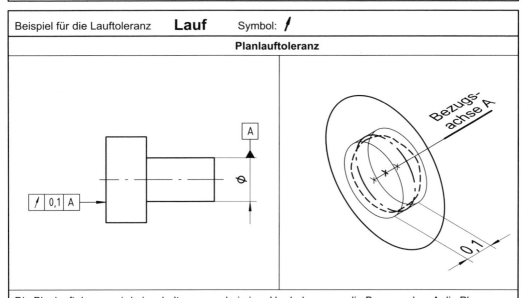

Die Planlauftoleranz wird eingehalten, wenn bei einer Umdrehung um die Bezugsachse A die Planlaufabweichung an jeder beliebigen radialen Messposition 0,1 mm nicht überschreitet. Die Toleranzzone (Zylindermantelfläche) wird von zwei durchmessergleichen Kreisen vom Abstand 0,1 mm begrenzt, dessen Mittelpunkte auf der verlängerten Bezugsachse liegen.

Tafel 8.4: Beispiele für Lagetoleranzen (Lauftoleranzen) (Fortsetzung 1)

Beispiel für die Lauftoleranz	**Gesamtlauf**	Symbol: ⟋⟋
Gesamtrundlauftoleranz		

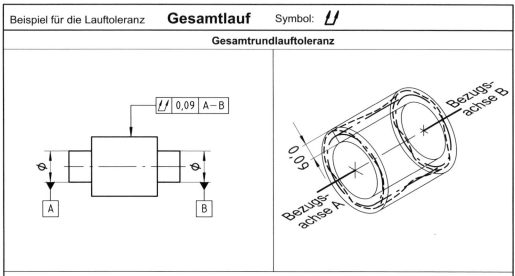

Die Gesamtrundlauftoleranz wird eingehalten, wenn bei mehrmaliger Drehung um die gemeinsame Bezugsachse A - B (gebildet aus den Bezugsachsen A und B) und bei axialer Verschiebung zwischen Bauteil und Messmittel alle Punkte der Oberfläche des tolerierten Elementes innerhalb der Gesamtrundlauftoleranz von 0,09 mm liegen. Die Toleranzzone wird von zwei koaxial liegenden Zylindern (Radiendifferenz 0,09 mm) begrenzt, deren Achsen mit der Bezugsachse A - B übereinstimmen.

Beispiel für die Lauftoleranz	**Gesamtlauf**	Symbol: ⟋⟋
Gesamtplanlauftoleranz		

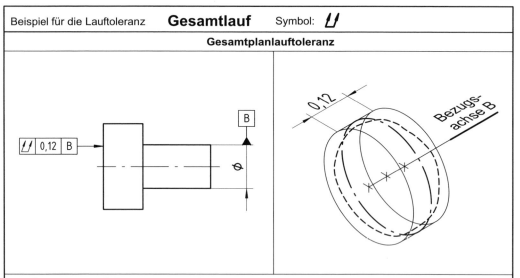

Die Gesamtplanlauftoleranz wird eingehalten, wenn bei mehrmaliger Drehung um die Bezugsachse B und bei radialer Verschiebung zwischen Bauteil und Messmittel alle Punkte der Oberfläche des tolerierten Elementes innerhalb der Gesamtplanlauftoleranz von 0,12 mm liegen. Die Toleranzzone (zylinderförmig) wird von zwei parallel liegenden kreisförmigen Flächen begenzt, die senkrecht auf der verlängerten Bezugsachse stehen und den Abstand 0,12 mm voneinander haben.

8.4 Symbole

8.4.1 Symbole für Formtoleranzen

Bild 8.2 soll die bei Formtoleranzen verwendete Symbolik näher erläutern.

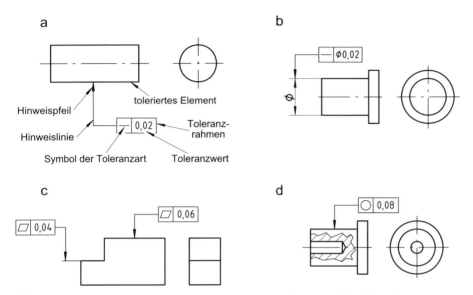

Bild 8.2: Bei Formtoleranzen verwendete Symbolik nach DIN ISO 1101

a: In einem rechteckigen Kasten – dem Toleranzrahmen – befindet sich links das Symbol der Toleranzart (hier: Geradheit). Rechts daneben (durch eine Linie getrennt) steht der Toleranzwert (hier: 0,02), der die Größe der Toleranz in der in technischen Zeichnungen des Maschinenbaus üblichen Einheit mm angibt. Ausgehend vom Toleranzrahmen führt eine Hinweislinie zum Hinweispfeil, der mit seiner Spitze das tolerierte Element berührt. Toleriert werden im speziellen Fall alle Mantellinien des Zylinders: jede Mantellinie muss zwischen zwei parallelen Geraden vom Abstand 0,02 mm liegen. Da der Zylinder unendlich viele Mantellinien hat, beschränkt man sich die Überprüfung der Geradheit in der Praxis z. B. auf acht unter 45° liegende Mantellinien. **b:** Hier befindet sich der Hinweispfeil direkt gegenüber dem zur Durchmesserbemaßung des linken Zylinders gehörenden Maßpfeil. Das ist der Hinweis darauf, dass als toleriertes Element die Achse des linken Zylinders gemeint ist. Das dem Toleranzwert vorangestellte Durchmesserzeichen besagt, dass es sich bei der Toleranzzone um einen Zylinder vom Durchmesser 0,02 mm handelt, die gleich der Länge des linken Zylinders ist. Die Formtoleranz wird also eingehalten, wenn die reale Achse des linken Zylinders innerhalb dieser Toleranzzone liegt, in der die Achse beliebige Form haben darf. **c:** Das Symbol der Toleranzart steht hier für Ebenheit. Die Ebenheitstoleranz der oberen Fläche des Bauteils wird eingehalten, wenn die reale Fläche zwischen zwei Ebenen vom Abstand 0,06 mm liegt. Die Toleranzzone ist hier ein Quader mit der Länge und Breite der oberen Bauteilfläche und einer Dicke von 0,06 mm. Für die links liegende abgesetzte Fläche gilt sinngemäß das gleiche wie für die obere Fläche. Hier berührt allerdings die Spitze des Hinweispfeils nicht direkt die tolerierte Fläche, sondern eine in Verlängerung dieser Fläche verlaufende Hilfslinie. **d:** Das Symbol der Toleranzart steht hier für Rundheit (= Kreisform). Der Hinweispfeil berührt mit seiner Spitze den Mantel des linken Bauteil-Zylinders. Die Rundheitstoleranz wird eingehalten, wenn jede einzelne Kreisumfangslinie des linken Zylinders zwischen zwei konzentrischen Kreisen vom Abstand 0,08 mm liegt. Da es unendlich viele solcher Kreisumfanglinien gibt, muss für Überprüfung der Toleranz deren Anzahl eingeschränkt werden. Die Toleranzzone ist eine Kreisringfläche, die senkrecht zur Achse des linken Zylinders steht. Zur Ermittlung der Rundheitsabweichung gibt es unterschiedliche Verfahren, die in Abschnitt 8.6 erläutert werden.

8.4.2 Symbole für Lagetoleranzen

Bild 8.3 soll die bei Lagetoleranzen verwendete Symbolik näher erläutern.

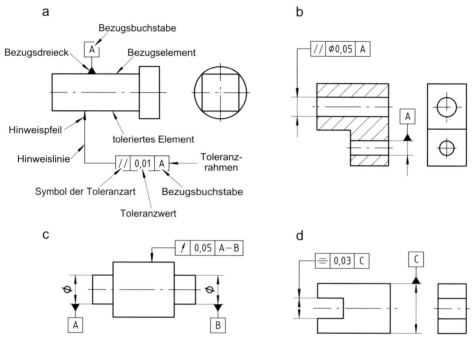

Bild 8.3: Bei Lagetoleranzen verwendete Symbolik nach DIN ISO 1101

a: Im Toleranzrahmen steht links das Symbol für die Toleranzart (hier: Parallelität). Es folgen rechts daneben (jeweils durch eine Linie getrennt) der Toleranzwert (hier: 0,01, Einheit mm) und der Bezugsbuchstabe (hier: A). Ausgehend vom Toleranzrahmen führt eine Hinweislinie zum Hinweispfeil, der mit seiner Spitze das tolerierte Element berührt. Toleriert wird im speziellen Fall die unten liegende Fläche des Vierkants: diese muss zwischen zwei parallelen Ebenen vom Abstand 0,01 mm liegen, die zum Bezugselement (hier: obere Fläche des Vierkants) parallel liegen. Dass es sich beim Bezugselement um die obere Fläche des Vierkants handelt, wird durch das diese Fläche berührende Bezugsdreieck deutlich. Von ihm führt eine kurze Linie zu einem Rahmen, in dem der Bezugsbuchstabe steht, der die Verbindung zum Bezugsbuchstaben im Toleranzrahmen herstellt. **b:** Hier steht das Bezugsdreieck anstelle des Maßpfeils, der normalerweise zur Bemaßung des Durchmessers der unteren Bohrung gehören würde. Dies bedeutet, dass die Achse der unteren Bohrung das Bezugselement ist. Das tolerierte Element ist hier die Achse der oberen Bohrung, da sich anstelle des Maßpfeils der Durchmesserbemaßung der oberen Bohrung der Hinweispfeil befindet. Das dem Toleranzwert vorangestellte Durchmesserzeichen besagt, dass es sich bei der Toleranzzone um einen Zylinder vom Durchmesser 0,05 mm handelt, der gleich der Länge der oberen Bohrung ist. Die Achse des Toleranzzonen-Zylinders liegt parallel zum Bezugselement. Die Lagetoleranz wird eingehalten, wenn die reale Achse der oberen Bohrung innerhalb der Toleranzzone liegt, in der Achse beliebige Form haben darf. **c:** Gekennzeichnet werden hier als Bezugselemente die Achse des linken und des rechten Zapfens. Aus diesen wird die gemeinsame Bezugsachse A − B gebildet, die sich von der Stirnfläche des linken Zapfens bis zu Stirnfläche des rechten Zapfens erstreckt. Im Toleranzrahmen weist das Symbol der Toleranzart auf die Lauftoleranz hin. Der Toleranzwert beträgt 0,05 mm. Die Lauftoleranz wird eingehalten, wenn bei einer Umdrehung um die gemeinsame Bezugsachse A − B die Rundlaufabweichung in jeder Messebene 0,05 mm nicht überschreitet. Die Toleranzzone wird in jeder beliebigen Messebene durch zwei senkrecht zur Bezugsachse stehende konzentrische Kreise (Abstand 0,05 mm) gebildet, deren Mittelpunkte auf der Bezugsachse A − B liegen. **d:** Hier steht das Bezugsdreieck direkt gegenüber dem zur Bemaßung der

Bauteilhöhe gehörenden Maßpfeil. Dies bedeutet, dass die Mittelebene des Bauteils das Bezugselement ist. Das tolerierte Element ist hier die Mittelebene der seitlichen Nut, weil sich der Hinweispfeil direkt gegenüber dem Maßpfeil für die Nutbreite befindet. Im Toleranzrahmen weist das Symbol der Toleranzart auf die Symmetrietoleranz hin. Der Toleranzwert beträgt 0,03 mm. Die Symmetrietoleranz wird eingehalten, wenn die Mittelebene der Nut zwischen zwei parallelen Ebenen vom Abstand 0,03 mm liegt. Diese liegen symmetrisch zur Bezugsebene. Die Toleranzzone wird durch die beiden parallelen Ebenen begrenzt.

8.5 Allgemeintoleranzen

Allgemeintoleranzen für Form und Lage sind nach DIN ISO 2768-2 genormt. Tafel 8.5 gibt für Geradheit und Ebenheit (Form) und für Rechtwinkligkeit und Symmetrie (Lage) für die drei Toleranzklassen H, K und L und unterschiedliche Nennmaßbereiche die Toleranzwerte in der Einheit mm an.

Tafel 8.5: Allgemeintoleranzen für Form und Lage nach DIN ISO 2768-2

Toleranz-klasse	Allgemeintoleranzen für Geradheit und Ebenheit in mm					
	Nennmaßbereich mm					
	bis 10	über 10 bis 30	über 30 bis 100	über 100 bis 300	über 300 bis 1000	über 1000 bis 3000
H	0,02	0,05	0,1	0,2	0,3	0,4
K	0,05	0,1	0,2	0,4	0,6	0,8
L	0,1	0,2	0,4	0,8	1,2	1,6

Toleranz-klasse	Allgemeintoleranzen für Rechtwinkligkeit in mm				
		Nennmaßbereich mm			
		bis 100	über 100 bis 300	über 300 bis 1000	über 1000 bis 3000
H		0,2	0,3	0,4	0,5
K		0,4	0,6	0,8	1,0
L		0,6	1,0	1,5	2,0

Toleranz-klasse	Allgemeintoleranzen für Symmetrie in mm				
		Nennmaßbereich mm			
		bis 100	über 100 bis 300	über 300 bis 1000	über 1000 bis 3000
H		0,5			
K		0,6	0,6	0,8	1,0
L		0,6	1,0	1,5	2,0

Für Rund- und Planlauf gibt es nach DIN ISO 2768-2 folgende Werte für Allgemeintoleranzen: Toleranzklasse H: 0,1 mm, Toleranzklasse K: 0,2 mm und Toleranzklasse L: 0,5 mm. Allgemeintoleranzen für Gesamtlauf, Position, Koaxialität, Neigung, Zylinderform, Profil einer Linie oder Fläche gibt es nicht.

Wird in einer technischen Zeichnung im Schriftfeld beispielsweise der Eintrag ISO 2768-mH vorgenommen, dann ist dies der Hinweis darauf, dass die Allgemeintoleranzen für Längen- und Winkelmaße nach DIN ISO 2768-1 (Toleranzklasse m) und die Allgemeintoleranzen für Form und Lage sind nach DIN ISO 2768-2 (Toleranzklasse H) anzuwenden sind. Ein derartiger Eintrag ist in technischen Zeichnungen des Maschinenbaus dringend zu empfehlen.

Sollten insbesondere funktionsbezogene Aspekte die Anwendung von Allgemeintoleranzen nicht zulassen, ist die Eintragung von Toleranzen für Maße und/oder für Form und Lage mit den entsprechenden Symbolen erforderlich.

8.6 Sonstiges

8.6.1 Ermittlung der Rundheitsabweichung

Die für die Rundheitsabweichung (Kreisformabweichung) ermittelten Zahlenwerte sind abhängig vom gewählten Auswerteverfahren. Anhand von Bild 8.4 sollen die zur Ermittlung der Rundheitsabweichung existierenden Verfahren erläutert werden.

MCC (Minimum Circumscribed Circle)-Verfahren: Zunächst wird als Referenzkreis der Kreis gebildet, der die Kontur des „runden" Bauteils als kleinst möglicher Kreis „von außen" tangiert. Der Mittelpunkt des Referenzkreises ist auch der Mittelpunkt für den innen liegenden kleinen Kreis. Sein Durchmesser ist so festzulegen, dass die Umfanglinie dieses Kreises die Kontur „von innen" mit kleinst möglichem Abstand tangiert. Die Rundheitsabweichung ist als Differenz der beiden Kreisradien zu bilden.

MIC (Maximum Inscribed Circle)-Verfahren: Zunächst wird als Referenzkreis der Kreis gebildet, der die Kontur des „runden" Bauteils als kleinst möglicher Kreis „von innen" tangiert (Pferchkreis). Der Mittelpunkt des Referenzkreises ist auch der Mittelpunkt für den außen liegenden großen Kreis. Sein Durchmesser ist so festzulegen, dass die Umfanglinie dieses Kreises die Kontur „von außen" mit größtmöglichem Anstand tangiert.

MZC (Minimum Zone Circle)-Verfahren: Hierbei wird die Rundheitsabweichung durch zwei konzentrische Kreise mit unterschiedlichen Radien so festgelegt, dass der kleinere Kreis die Kontur „von innen" und der größere Kreis die Kontur „von außen" an mindestens zwei Punkten tangiert. Wichtige Bedingung bei diesem Verfahren ist, dass der radiale Abstand der beiden Kreise der minimal mögliche ist. Die nach DIN ISO 1101 definierte Rundheitsabweichung stimmt mit der überein, die auch dem MZC-Verfahren zugrunde liegt.

LSC (Least Squares Circle)-Verfahren: Zunächst wird ein Kreis von solcher Größe gezeichnet (Referenzkreis), dass die von seiner Umfangslinie (strichpunktierte Linie) abgetrennten Kontur-Flächenstücke in der Summe Null ergeben. Anders ausgedrückt: die Gesamtfläche der außerhalb der strichpunktierten Linie liegenden Flächenstücke (eng schraffiert) muss von gleicher Größe sein wie die Gesamtfläche der innerhalb der strichpunktierten Linie liegenden Flächenstücke (weit schraffiert). Ausgehend von Mittelpunkt des so gefundenen Kreises werden die Kreise gebildet, deren Umfangslinien die Kontur mit größtem und kleinstem möglichen Anstand tangieren.

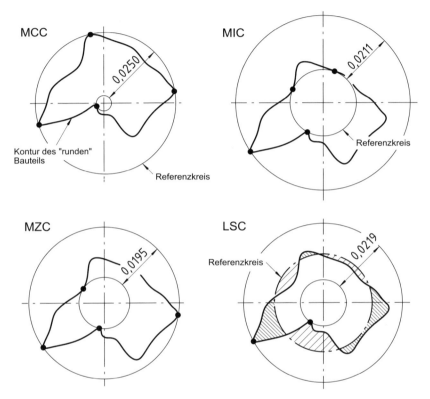

Bild 8.4: Zur Ermittlung der Rundheitsabweichung (Kreisformabweichung)

8.6.2 Projizierte Toleranzzone

Wird im Toleranzrahmen rechts neben dem Toleranzwert der von einem Kreis umschlossene Buchstabe P eingetragen, so ist dies der Hinweis darauf, dass es sich hinsichtlich der Toleranzzone um eine projizierte (vorgelagerte) Toleranzzone handelt. Anhand des Beispiels der Platte von Bild 8.5 soll dies näher erläutert werden.

In die Bohrung $\varnothing$ 10H7 der Platte soll ein Bolzen eingepresst werden, der mit seinem 30 mm hervorstehenden Teil in die Bohrung eines anderen Bauteils eingreifen soll. Da zur Funktionserfüllung die Lage der Achse des hervorstehenden Bolzenteils und nicht die Lage der Bohrungsachse von Bedeutung ist, muss dies im Toleranzrahmen mittels der Positionstoleranz und dem von einem Kreis umschlossenen Buchstaben P zum Ausdruck gebracht werden. Das Maß, das die Länge der Projizierung festlegt (hier: 30), wird ebenfalls mit den von einem Kreis umschlossenen P gekennzeichnet.

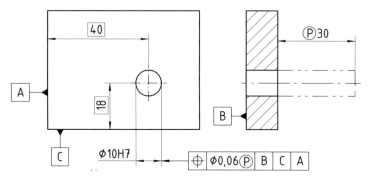

Bild 8.5: Beispiel zur projizierten (vorgelagerten) Toleranzzone

Mit Bild 8.6 wird eine der möglichen Schiefstellungen verdeutlicht, die die Achse des hervorstehenden Teils des Bolzens unter Einhaltung des Toleranzwertes im Grenzfall haben kann. Die Toleranzzone ist ein Zylinder mit einem Durchmesser von 0,06 mm.

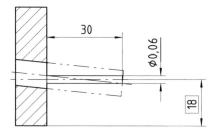

Bild 8.6: Mögliche Schiefstellung der Achse des hervorstehenden Teils des Bolzens unter Ausnutzung der zylinderförmigen Toleranzzone

Bei dem in Bild 8.5 dargestellten Bauteil (Platte) werden drei Flächen als Bezugselemente ausgewiesen, deren zugeordnete Bezugsbuchstaben im Toleranzrahmen in der Rangfolge B, C, A angeordnet sind. Diese Rangfolge ist bei der messtechnischen Überprüfung der Positionstoleranz zu beachten. Es muss hierbei wie folgt vorgegangen werden: das Bauteil wird zuerst mit der Bezugsfläche B auf die Messtischplatte (primärer Bezug) aufgelegt, dann wird es mit der Bezugsfläche C an den sekundären Bezug und erst danach mit der Bezugsfläche A an den tertiären Bezug herangeschoben. Die als sekundärer und tertiärer Bezug verwendeten Teile, die auf der Messtischplatte befestigt werden, müssen hinsichtlich der Ebenheit ihrer Anlageflächen und deren Rechtwinkligkeit zueinander und zur Messtischplatte hin von höchster Genauigkeit sein.

<u>Hinweis:</u> Der Leser sollte den mit Kapitel 8 gebotenen Stoff als Einführung in das Thema der *Tolerierung von Form und Lage* betrachten. Es ist so umfangreich, dass zur Vertiefung das Studium weiterführender Literatur unerlässlich ist. Hierfür ist das Werk von *Walter Jorden* mit dem Titel *Form- und Lagetoleranzen* zu empfehlen.

Normen zu Kapitel 8

DIN ISO 1100	Form- und Lagetolerierung
	Form-, Richtungs-, Orts- und Lauftoleranzen. Allgemeines, Definitionen, Symbole, Zeichnungseintragungen
DIN ISO 2768-2	Allgemeintoleranzen
	Toleranzen für Form und Lage ohne einzelne Toleranzeintragung
DIN ISO 5459	Form- und Lagetolerierung
	Bezüge und Bezugssysteme für geometrische Toleranzen
DIN ISO 7083	Symbole für Form- und Lagetolerierung
	Verhältnisse und Maße

9 Oberflächenbeschaffenheit

9.1 Allgemeines

Die wirkliche (reale) Gestalt einer Bauteiloberfläche stimmt nie mit der denkbar idealen Gestalt überein. Bei den in technischen Zeichnungen dargestellten Bauteilen werden deshalb durch Symbole die zur Funktionserfüllung geforderten Oberflächenbeschaffenheiten angegeben. Welche Oberflächenbeschaffenheit (Oberflächenqualität) „die Richtige" ist, hängt von vielfältig zu beachtenden Gesichtspunkten ab, auf die hier im Detail nicht näher eingegangen wird. Vielmehr soll auf die wichtigsten Begriffe und Kenngrößen und die in den Zeichnungen zur Kennzeichnung der Oberflächenbeschaffenheit zu verwendenden Symbole hingewiesen werden.

9.2 Begriffe und Kenngrößen

9.2.1 Begriffe

In einer technischen Zeichnung werden die Oberflächen eines Bauteils in ihrer idealen Gestalt dargestellt (geometrische Oberflächen), die von der wirklichen (realen) Gestalt abweichen. Als wirkliches Oberflächenprofil bezeichnet man das Profil, das sich durch den Schnitt der wirklichen Bauteiloberfläche mit einer dazu senkrechten Ebene ergibt.

Das nach Abtasten des wirklichen Oberflächenprofils mithilfe spezieller messtechnischer Methoden (z. B. Tastschnittverfahren) erhaltene Profil ist das Profil der Istoberfläche, das somit nur ein angenähertes Abbild des wirklichen (realen) Oberflächenprofils darstellt.

Das auf diese Weise „ertastete" Oberflächenprofil enthält als wichtigste Gestaltabweichungen die Formabweichungen, die Welligkeit und die Rauheit. Unter Gestaltabweichungen versteht man die Gesamtheit aller Abweichungen der Istoberfläche von ihrer idealen Gestalt.

Nach DIN 4760 gibt es ein Ordnungssystem für Gestaltabweichungen. Gestaltabweichung 1. Ordnung (= Formabweichungen): diese können z. B. durch Ungenauigkeiten in den Führungen der Werkzeugmaschine, Durchbiegungen der Maschine und/oder des Bauteils bei der Bearbeitung entstehen. Gestaltabweichung 2. Ordnung (= Welligkeit): die Bauteiloberfläche weist eine wellenartige Form auf, die z. B. durch Schwingungen der Werkzeugmaschine und/oder des Bauteils bei dessen Bearbeitung entstehen. Gestaltabweichungen 3. und 4. Ordnung (= Rauheit): insbesondere Rillen und Riefen, die durch das Bearbeitungsverfahren hervorgerufen werden. Die Überlagerungen der Gestaltabweichungen der 1. bis 4. Ordnung ergeben die Gestalt der Bauteiloberfläche in Form der Istoberfläche.

Hinweis: Die in DIN 4760 weiterhin erwähnten **Gestaltabweichungen der 5. Ordnung** (= Gefügestruktur) und **6. Ordnung** (= Gitteraufbau des Werkstoffes) sind bei Bauteilen des Maschinenbaus von untergeordneter Bedeutung. Auf diese wird hier nicht näher eingegangen.

9.2.2 Kenngrößen

Die DIN EN ISO 4287 definiert für das Oberflächenprofil eine Vielzahl unterschiedlicher Kenngrößen, wobei hier auf einige für das Rauheitsprofils (R-Profil) charakteristische Kenngrößen eingegangen werden soll.

Das R-Profil erhält man bei der Rauheitsmessung aus dem Primärprofil (P-Profil) durch elektrische Filterung mit Profilfiltern der Grenzwellenlänge λc (Einheit mm). So wird erreicht, dass das im P-Profil ebenfalls enthaltene Welligkeitsprofil (W-Profil) unterdrückt wird.

Die Grenzwellenlänge λc (auch „Cut-off" genannt) orientiert sich nach DIN EN ISO 4288 am Riefenabstand (periodische Profile) oder den zu erwartenden Rauheitswerten (aperiodische Profile). Moderne Rauheitsmessgeräte (z. B. Firma MAHR, Perthometer M1) erkennen ohne Probemessung periodische und aperiodische Profile und stellen auch automatisch den normgerechten λc-Wert ein.

Die Kenngrößen werden meist für die Einzelmessstrecke lr definiert, die zahlenmäßig gleich der gewählten Grenzwellenlänge λc ist (der Buchstabe r bei lr weist auf das R-Profil hin).

Bild 9.1 zeigt ein für die Einzelmessstrecke lr durch Messung erhaltenes R-Profil mit den Senkrechtkenngrößen (Amplitudenkenngrößen) Rp, Rv und Rz.

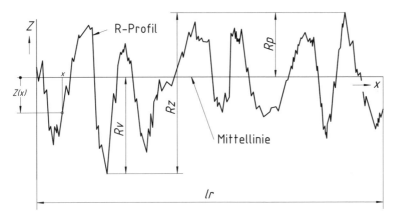

Bild 9.1: Gemessenes R-Profil mit Kennzeichnung der Senkrechtkenngrößen Rp, Rv und Rz

Nach DIN EN ISO 4287 bedeuten: Rp = Höhe der größten Profilspitze innerhalb der Einzelmessstrecke lr, Rv = Tiefe des größten Profiltals innerhalb der Einzelmessstrecke lr und $Rz = Rp + Rv$ = größte Höhe des Profils innerhalb der Einzelmessstrecke lr.

Weiterhin werden nach DIN EN ISO 4287 als Senkrechtkenngrößen (Amplitudenkenngrößen) definiert: Ra = arithmetischer Mittelwert und Rq = quadratischer Mittelwert der Profilordinaten $Z(x)$. Die Gleichungen hierfür lauten:

$$Ra = \frac{1}{lr} \int_0^{lr} |Z(x)|\, dx \quad \text{und} \quad Rq = \sqrt{\frac{1}{lr} \int_0^{lr} Z^2(x)\, dx}$$

Bild 9.2 zeigt ein für die Einzelmessstrecke lr durch Messung erhaltenes R-Profil, in das die Kenngrößen Ra und Rq eingetragen sind.

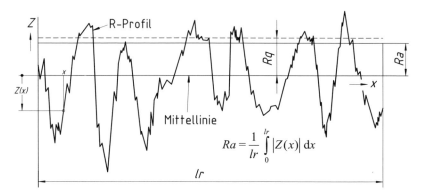

Bild 9.2: Gemessenes R-Profil mit Eintragung der Kenngrößen Ra und Rq

Hinweis: Bilder 9.1 und 9.2: Waagerechte Linie = Mittellinie (hier: Mittellinie für das Rauheitsprofil). Zu Thema **Mittellinien** siehe DIN EN ISO 4287 (Abschnitt 3.1.8).

Die Berechnung von Ra basiert auf den Absolutwerten der Ordinatenwerte $Z(x)$. Das Integral steht somit für die Summe aller oberhalb und unterhalb der Mittellinie liegenden Teilflächen, die vom R-Profil und der Mittellinie eingeschlossen werden. Die Umformung der obigen Ra-Gleichung zu

$$\int_0^{lr} |Z(x)|\,dx = Ra \cdot lr$$

zeigt, dass der Wert des Integrals gleich dem Wert einer aus den Größen Ra und lr gebildeten Rechteckfläche ist.

Aus den so an mehreren Einzelmessstrecken lr (meist fünf) des R-Profils gewonnenen Ra- und Rq-Werten, werden dann die für die gesamte Messstrecke ln repräsentativen Ra- und Rq-Werte berechnet. Die Messstrecke ln ist derjenige Teil der Taststrecke, der zur Auswertung herangezogen wird. Zur Taststrecke gehören noch die Vorlauf- und die Nachlaufstrecke (messtechnisch bedingt).

Nach der nicht mehr aktuellen (zurückgezogenen) DIN 4768 wird als Rauheitskenngröße die gemittelte Rautiefe R_Z wie folgt definiert: Die gemittelte Rautiefe ist das arithmetische Mittel aus den Einzelrautiefen fünf aneinandergrenzender Einzelmessstrecken. Die Berechnung von R_Z basiert auf der Gleichung

$$R_Z = \frac{1}{5}(Z_1 + Z_2 + Z_3 + Z_4 + Z_5)$$

Bild 9.3 veranschaulicht, wie die Größen Z_1 bis Z_5 am R-Profil für fünf aneinandergrenzende Einzelmessstrecken ($5 \cdot lr = ln =$ Messstrecke) gebildet werden.

9.2 Begriffe und Kenngrößen

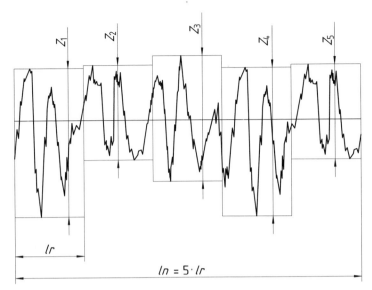

Bild 9.3: Zur Definition der Rauheitskenngröße R_Z nach der zurückgezogenen DIN 4768

Hinweis: Die **Rauheitskenngröße** R_Z nach der zurückgezogenen DIN 4768 ist nicht mehr genormt, wird in der industriellen Praxis aber noch verwendet. Auch in den im Anhang zu findenden Zeichnungen werden Oberflächensymbole mit Rauheitswerten verwendet, die auf der Definition des „alten" R_Z-Wertes basieren.

Weitere nach DIN EN ISO 4287 genormte Kenngrößen sind die mittlere Höhe der Profilelemente Rc (Senkrechtkenngröße) und die mittlere Rillenbreite der Profilelemente RSm (Waagerechtkenngröße). Zu deren Ermittlung werden die Gleichungen

$$Rc = \frac{1}{m} \sum_{i=1}^{m} Zt_i \quad \text{und} \quad RSm = \frac{1}{m} \sum_{i=1}^{m} Xs_i$$

verwendet. Bild 9.4 veranschaulicht an der Einzelmessstrecke lr eines R-Profils, um welche Größen es sich bei den Zt_i-Größen handelt.

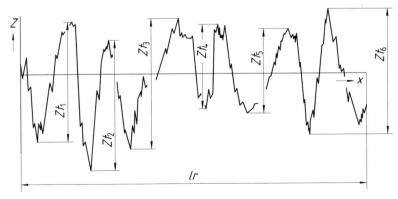

Bild 9.4: Zt_i-Größen an der Einzelmessstrecke eines R-Profils

Für das *R*-Profil des Bildes 9.4 ergibt sich

$$Rc = \frac{1}{6}(Zt_1 + Zt_2 + Zt_3 + Zt_4 + Zt_5 + Zt_6)$$

Bild 9.5 veranschaulicht an der Einzelmessstrecke *lr* eines *R*-Profils, um welche Größen es sich bei den Xs_i-Größen handelt.

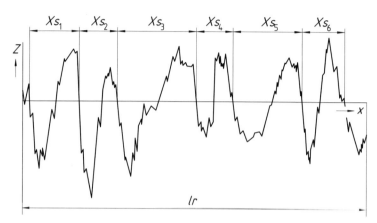

Bild 9.5: Xs_i-Größen an der Einzelmessstrecke eines R-Profils

Für das R-Profil des Bildes 9.5 ergibt sich

$$Rc = \frac{1}{6}(Xs_1 + Xs_2 + Xs_3 + Xs_4 + Xs_5 + Xs_6)$$

<u>Hinweis:</u> *Bei den hier vorgestellten Oberflächenkenngrößen für das R-Profil handelt es sich um eine Auswahl. Weitere nach DIN EN ISO 4278 definierte Oberflächenkenngrößen (z. B. Materialanteilkurve des Profils) können zwischen Hersteller und Kunden Bestandteile von Vereinbarungen sind.*

9.3 Symbole

Symbole zur Angabe der Beschaffenheit von Bauteiloberflächen in technischen Zeichnungen sind nach DIN EN ISO 1302 genormt (Tafel 9.1).

Kenngrößen mit ihren zugeordneten Zahlenwerten benötigen zum Kenntlichmachen der an die Oberfläche gestellten Anforderungen eindeutige Bezeichnungen.

Diese müssen erkennen lassen, welches der drei Oberflächenprofile (*R*-, *W*- oder *P*-Profil) und welches Merkmal des Profils angegeben ist. Weiterhin muss aus der Bezeichnung hervorgehen, aus wie vielen Einzelmessstecken die Messstrecke besteht und wie die angegebenen Grenzen der Vorgaben zu interpretieren sind.

9.3 Symbole

Tafel 9.1: Symbole zur Angabe der Oberflächenbeschaffenheit nach DIN EN ISO 1302

Grundsymbol	Erweitertes Symbol (Materialabtrag erforderlich)	Erweitertes Symbol (Materialabtrag nicht zulässig)
Dieses Symbol bleibt sog. Sammelangaben vorbehalten. Ansonsten sollte es ohne ergänzende Angaben nicht verwendet werden.	Wenn Materialabtrag (z. B. durch mechanische Bearbeitung) gefordert wird, kommt dieses Symbol mit ergänzenden Informationen zur Anwendung.	Wenn Materialabtrag nicht zulässig ist, kommt dieses Symbol mit ergänzenden Informationen zur Anwendung.
Vollständiges Symbol (jedes Fertigungsverf. zulässig)	Vollständiges Symbol (Materialabtrag erforderlich)	Vollständiges Symbol (Materialabtrag nicht zulässig)
Dies sind die Symbole, die mit weiteren Angaben versehen werden, um spezielle Anforderungen an die Oberflächenbeschaffenheit zum Ausdruck zu bringen. In Berichten oder Verträgen können anstelle der Symbole folgende Textabgaben gemacht werden: linkes Symbol: APA = Any process allowed, mittleres Symbol: MRR = Material removal required, rechtes Symbol: NMR = No material removed.		
"Rundum"-Symbol	Anordnung der zusätzlichen Anforderungen für die Oberflächenbeschaffenheit	
Dieses Symbol wird verwendet, wenn die gleiche Oberflächenbeschaffenheit für alle Flächen rundum die Kontur eines Bauteils gefordert wird.	a = Angabe einer einzelnen Anforderung an die Oberflächenbeschaffenheit, a und b: Angabe von zwei oder mehr Anforderungen an die Oberflächenbeschaffenheit, c = Angabe des Fertigungsverfahrens, d = Angabe des Symbols für die erforderlichen Oberflächenrillen und ihre Ausrichtung, e = Angabe der erforderlichen Bearbeitungszugabe in der Einheit mm (s. zu a bis d auch DIN EN ISO 1302, Kapitel 5)	

Im weiteren Verlauf der Ausführungen wird auf das für den Maschinenbau wichtige Rauheitsprofil (R-Profil) mit den nach DIN EN ISO 4287 definierten Oberflächenkenngrößen, denen zur Kennzeichnung der Buchstaben R vorangestellt wird, eingegangen.

Für die Messstrecke ln gilt im Normalfall: $ln = 5 \cdot lr$ (= Regel-Messstrecke), mit lr = Einzelmessstrecke. Wird von der Regel-Messstrecke abgewichen, ist dies bei den Bezeichnungen der Oberflächenkenngrößen kenntlich zu machen. So besagt beispielsweise die Bezeichnung $Rp3$, dass für die Messstrecke gilt: $ln = 3 \cdot lr$.

Zur Angabe von Toleranzgrenzen bei der Oberflächenbeschaffenheit gibt es nach DIN EN ISO 4287 die Möglichkeiten der Anwendung der „16-%-Regel" (Regelanforderung) oder der „max-Regel". Soll die „max-Regel" zur Anwendung kommen, erhalten die Bezeichnungen der Oberflächenkenngrößen den Zusatz „max", andernfalls gilt die „16-%-Regel" (Bild 9.6).

Bild 9.6: *Kenngrößenbezeichnungen für die „16-%-Regel" und die „max-Regel"*

Die „16-%-Regel" als Regelanforderung besagt für die Bezeichnungen des Bildes 9.6 (links), dass die Oberfläche hinsichtlich ihrer Rauheit den Anforderungen genügt, wenn nicht mehr als 16 % aller gemessenen Ra-Werte größer als Ra 6,3 bzw. kleiner als Ra 0,8 sind. Durch die Bezeichnungen des Bildes 9.6, (rechts) wird die Anwendung der „max-Regel" zum Ausdruck gebracht. Diese besagt, dass keiner der gemessenen Ra-Werte größer als Ra 12,5 bzw. kleiner als Ra 1,6 sein darf.

Der rechts neben der Kenngrößenbezeichnung Ra stehende Kenngrößenwert (z. B. 1,6) hat die Einheit µm.

Wird das Oberflächensymbol durch zwei von einem Strich getrennte Zahlenwerte (Bild 9.7, oben) ergänzt, so gibt der links stehende die Grenzwellenlänge des Kurzwellenfilters λs (Einheit mm) und der rechts stehende die Grenzwellenlänge des Langwellenfilters λc („Cut-off", Einheit mm) an. Mit Angabe dieser Werte liegt bei der Oberflächenmessung die Übertragungscharakteristik des R-Profils fest.

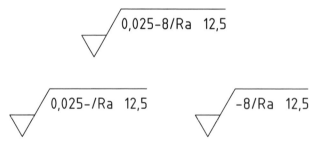

Bild 9.7: *Oberflächensymbole mit Angaben zur Übertragungscharakteristik*

Fehlt eine der beiden Angaben (Bild 9.7, unten), so hat der nicht angegebene Filter seinen genormten Regelwert. Durch Beibehalten des Trennungsstriches wird zum Ausdruck gebracht, ob es sich bei dem fehlenden Wert um die Grenzwellenlänge des Kurzwellen- oder um die des Langwellenfilters handelt.

9.3 Symbole

Wird auf die Zahlenwerte zur Kennzeichnung der Übertragungscharakteristik ganz verzichtet, so sind die genormten Werte der Regelübertragungscharakteristik nach DIN EN ISO 3274 (λs) und DIN EN ISO 4288 (λc) gültig.

<u>Hinweis:</u> Zur Erfassung des *R*-Profils genügt zur Kennzeichnung der Übertragungscharakteristik eigentlich nur das Anführen des Langwellenfilters λc, da als Kurzwellenfilter λs der Regelwert nach DIN EN ISO 3274 zugrunde gelegt wird.

Es ist zu unterscheiden zwischen der einseitigen und der beidseitigen Toleranz einer Oberflächenkenngröße. Soll der Kenngrößenwert die einseitige untere Toleranzgrenze darstellen, so ist der Buchstabe L (= Low) voranzustellen. Im Fall der beidseitigen Toleranz wird der oberen vorgegebenen Toleranzgrenze der Buchstabe U (= Upper) und der unteren der Buchstabe L vorangestellt (Bild 9.8). Wird die obere und untere Toleranzgrenze durch gleiche Oberflächenkenngrößen mit unterschiedlichen Werten angegeben, dürfen die Buchstaben U und L auch weggelassen werden (Bild 9.6).

Bild 9.8: Kennzeichnung von Toleranzgrenzen

Bild 9.8, links: Der *Ra*-Wert darf die mit 6,3 µm angegebene untere Grenze bei Beachtung der „16-%-Regel" nicht unterschreiten. Bild 9.8, rechts: Der *Rz*-Wert darf die mit 0,9 µm angegebene obere Grenze nicht <u>über</u>schreiten und der *Ra*-Wert darf die mit 0,05 µm angegebene untere Grenze nicht <u>unter</u>schreiten. Bei beiden Werten ist die „16-%-Regel" zu beachten.

In den meisten Fällen genügt es bei Zeichnungen des Maschinenbaus die Oberflächenbeschaffenheit durch eine einseitig vorgegebene Toleranzgrenze festzulegen. Es handelt sich dann stets um die obere Toleranzgrenze. Bild 9.9 zeigt hierzu zwei Beispiele.

Bild 9.9: Beispiele für einseitig vorgegebene obere Toleranzgrenzen

Bild 9.9, links: Der *Ra*-Wert darf die mit 6,3 µm angegebene obere Toleranzgrenze nicht <u>über</u>schreiten, es ist die „16-%-Regel" zu beachten. Bild 9.9, rechts: Der *Ra*-Wert darf die mit 25 µm angegebene obere Toleranzgrenze nicht <u>über</u>schreiten, es ist die „max-Regel" zu beachten.

Soll das anzuwendende Bearbeitungsverfahren bzw. die Art der Beschichtung am Oberflächensymbol vermerkt werden, so geschieht dies wie in Bild 9.10 gezeigt.

Bild 9.10: Angabe von Bearbeitungsverfahren bzw. Beschichtungsart

Bild 9.10, links: Der *Ra*-Wert darf die mit 0,05 µm angegebene obere Toleranzgrenze nicht überschreiten, es ist die „16-%-Regel" zu beachten, das Bearbeitungsverfahren ist Schleifen. Bild 9.10, rechts: Der *Rz*-Wert darf die mit 0,4 µm angegebene obere Toleranzgrenze nach dem Beschichten der Oberfläche nicht überschreiten, es ist die „max-Regel" zu beachten.

Zur Angabe von Oberflächenrillen am Oberflächensymbol sind die nach DIN EN ISO 1302 (Tabelle 2) genormten Symbole zu verwenden. Das Bild 9.11 zeigt zwei mit Rillensymbolen versehene Oberflächensymbole.

Bild 9.11: Beispiele für die Angabe von Oberflächenrillen am Oberflächensymbol

Bild 9.11, links: Der *Ra*-Wert darf die mit 25 µm angegebene obere Toleranzgrenze nicht überschreiten, es ist die „max-Regel" zu beachten. Die Rillenrichtung verläuft parallel zu der Projektionsrichtung der Ansicht, in der das Symbol angewendet wird.

Bild 9.11, rechts: Der *Ra*-Wert darf die mit 0,8 µm angegebene obere Toleranzgrenze nicht überschreiten, es ist die „16-%-Regel" zu beachten, das Bearbeitungsverfahren ist Fräsen. Die Rillenrichtung verläuft rechtwinklig zu der Projektionsrichtung der Ansicht, in der das Symbol angewendet wird.

Am Oberflächensymbol kann auch die Angabe einer Bearbeitungszugabe erfolgen (Bild 9.12).

Bild 9.12: Beispiel für die Angabe einer Bearbeitungszugabe am Oberflächensymbol

Der *Ra*-Wert darf die mit 50 µm angegebene obere Toleranzgrenze nicht überschreiten, es ist die „16-%-Regel" zu beachten, das Bearbeitungsverfahren ist Fräsen. Die mit diesem Symbol versehene Oberfläche hat eine Bearbeitungszugabe von 2 mm. Durch eine weitere – hier nicht näher spezifizierte – Bearbeitung wird der Endzustand der Oberfläche hergestellt.

9.4 Angabe der Oberflächenbeschaffenheit

Die Angabe der Oberflächenbeschaffenheit in technischen Zeichnungen wird durch die DIN EN ISO 1302 eindeutig geregelt. Anhand der Bilder 9.13 bis 9.20 wird auf die wichtigsten Regeln eingegangen.

Das Oberflächensymbol mit den entsprechenden Angaben ist so einzutragen, dass diese in der Zeichnung von rechts oder von unten lesbar sind. Wie dies zu erreichen ist veranschaulicht Bild 9.13. Zur Abgrenzung der Kenngrößenbezeichnung von dem daneben stehenden Zahlenwert sind zwei Leerzeichen einzufügen.

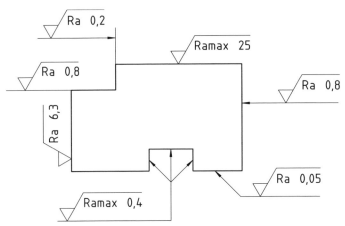

Bild 9.13: Bauteil mit daran angeordneten Oberflächensymbolen

Bild 9.14 zeigt einen in eine Buchse eingeführten Zapfen. Die Oberflächenangaben erfolgen hier in Verbindung mit den Maßangaben. Das dem Bohrungsdurchmesser der Buchse bzw. dem Zapfendurchmesser zugeordnete Oberflächensymbol berührt mit seiner Spitze die jeweilige Maßlinie. Wegen der eindeutigen Zuordnung besteht keine Möglichkeit der Falschinterpretation hinsichtlich der Frage, welche Oberflächenangabe zu welcher Fläche gehört.

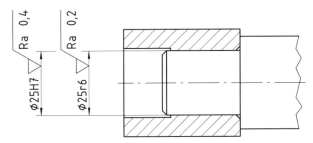

Bild 9.14: Oberflächenangaben in Verbindung mit Maßangaben

Die äußere Kontur des in Bild 9.15 dargestellten Bauteils ist symmetrisch zur waagerecht liegenden Mittellinie. Diese Symmetrieeigenschaft darf zur Kennzeichnung der Flächen mit Oberflächenangaben ausgenutzt werden. So sind beispielsweise die drei Flächen der unten liegenden Aussparung mit *Ra* 0,05 gekennzeichnet. Wegen der Symmetrie zur Mittellinie benötigen die Flächen der oben liegenden Aussparung diese Angaben nicht. Für diese Flächen gilt ebenfalls *Ra* 0,05.

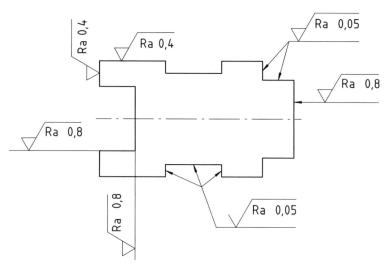

Bild 9.15: Oberflächenangaben bei Ausnutzung von Symmetrieeigenschaften

Bei auf Drehmaschinen herzustellenden Bauteilen wird jeder einzelne Teilzylinder mit einer Oberflächenangabe versehen, die dann für den ganzen Umfang dieses Teilzylinders gültig ist. Für einen durch Abflachungen unterbrochenen Teilzylinder gilt für dessen gesamte Oberfläche die an einer Stelle vorgenommene Oberflächenangabe (Bild 9.16).

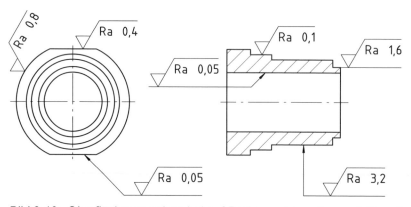

Bild 9.16: Oberflächenangaben bei auf Drehmaschinen hergestellten Bauteilen

9.4 Angabe der Oberflächenbeschaffenheit

Wird bei Bauteilen mit prismatischen Geometrien die Oberflächenangabe nur einmal angegeben, gilt diese für alle prismatischen Oberflächen. Sollen sich prismatischen Oberflächen in ihren Oberflächen unterscheiden, so sind unterschiedliche Oberflächenangaben vorzunehmen (Bild 9.17).

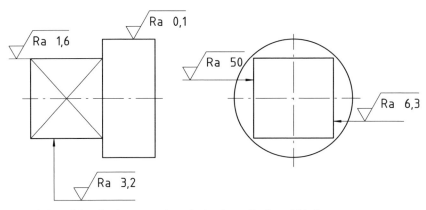

Bild 9.17: Oberflächenangaben bei prismatischen Flächen

Werden an die Mehrzahl der Oberflächen eines Bauteils die gleichen Oberflächenanforderungen gestellt, so bieten sich Möglichkeiten zur vereinfachten Zeichnungseintragung (Bild 9.18).

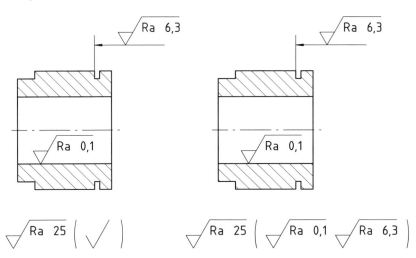

Bild 9.18: Möglichkeiten zur vereinfachten Zeichnungseintragung von Oberflächenangaben

Bild 9.18, links: Das in Klammern stehende Grundsymbol steht stellvertretend für die in der Bauteildarstellung vorgenommenen Oberflächenanforderungen. Bild 9.18, rechts: In Klammern sind die Oberflächenanforderungen angegeben, die auch in der Bauteildarstellung zu finden sind. Vor der linken Klammer steht jeweils die Oberflächenanforderung, die für alle übrigen Flächen des Bauteils Gültigkeit hat.

Lassen sich an Bauteilen aus Platzgründen nicht alle Oberflächensymbole in vollständiger Form anbringen, so sind die in Bild 9.19 gezeigten Vereinfachungen möglich. Dabei wird das Grundsymbol mit einem Buchstaben versehen, wobei vorwiegend die Buchstaben x, y und z verwendet werden. Die Bedeutung dieses mit seiner Spitze die Oberfläche berührenden Symbols wird neben der Bauteildarstellung oder oberhalb des Schriftfeldes angeordnet.

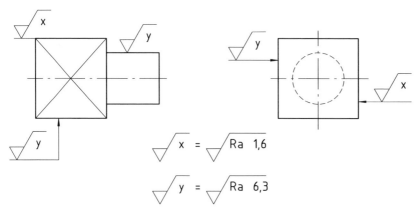

Bild 9.19: Angabe von Oberflächensymbolen bei eingeschränkten Platzverhältnissen

Soll nur ein gewisser Bereich der Oberfläche eines Bauteils eine bestimmte Oberflächenangabe erhalten, so wird dieser Bereich mithilfe eines Maßes begrenzt und das Oberflächensymbol mit seiner Spitze auf der Maß- oder Maßhilfslinie platziert (Bild 9.20).

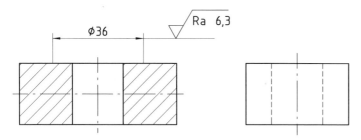

Bild 9.20: Angabe von Oberflächensymbolen für einen bestimmten Bereich

Müssen komplette Bauteile oder nur bestimmte Bauteilbereiche zur Erlangung spezifischer Eigenschaften einer **Wärmebehandlung** (z. B. Vergüten, Härten) unterzogen werden, so sind auf der Zeichnung entsprechende Angaben zu machen. Aus diesen muss der Zustand, der nach der Wärmebehandlung vorliegen soll, eindeutig hervorgehen. Näheres regeln die Teile 2 bis 5 der DIN 6773. Angaben zur Kennzeichnung von **Beschichtungen** regeln unterschiedliche Normen, z. B. die DIN 50967. Auf diese Normen wird hier nicht näher eingegangen.

Normen zu Kapitel 9

DIN EN ISO 1302	Angabe der Oberflächenbeschaffenheit in der technische Produktdokumentation
DIN EN ISO 3274	Geometrische Produktspezifikation (GPS) Oberflächenbeschaffenheit: Tastschnittverfahren, Nenneigenschaften von Tastschnittgeräten
DIN EN ISO 4287	Oberflächenbeschaffenheit: Tastschnittverfahren Benennungen, Definitionen und Kenngrößen der Oberflächenbeschaffenheit
DIN EN ISO 4288	Geometrische Produktspezifikation (GPS) Oberflächenbeschaffenheit: Tastschnittverfahren Regeln und Verfahren für die Beurteilung der Oberflächenbeschaffenheit
DIN 4760	Gestaltabweichungen Begriffe, Ordnungssystem
DIN 50967	Galvanische Überzüge Nickel- und Nickel-Chrom-Überzüge auf Aluminiumwerkstoffen

10 Tolerierungsprinzipien

In DIN ISO 8015 werden die Tolerierungsprinzipien (Tolerierungsgrundsätze) Unabhängigkeitsprinzip, Hüllbedingung und Maximum-Material-Bedingung definiert. Neben diesen lässt die DIN ISO 2692 noch als Tolerierungsprinzipien die Minimum-Material-Bedingung und Reziprozitätsbedingung zu. Hier wird auf die ersten drei genannten Tolerierungsprinzipien eingegangen.

10.1 Unabhängigkeitsprinzip

Das Unabhängigkeitsprinzip besagt, dass jede in einer technischen Zeichnung für Maß-, Form- und Lagetoleranzen angegebene Anforderung unabhängig voneinander eingehalten werden muss. Hiervon wird abgewichen, wenn besondere Angaben auf etwas anderes hinweisen. Sind solche Angaben nicht vorhanden, gelten die Form- und Lagetoleranzen unabhängig vom Istmaß des betreffenden Formelementes.

Das Unabhängigkeitsprinzip wird auch als neuer Tolerierungsgrundsatz bezeichnet und seit einigen Jahren in der Bundesrepublik Deutschland im Normalfall verwendet. Um Missverständnissen vorzubeugen, ist im Schriftfeld einer jeden technischen Zeichnung deshalb der Hinweis „Tolerierung 8015" erforderlich. Fehlt dieser Hinweis, ist die Hüllbedingung (Abschnitt 10.2) maßgebend.

Mithilfe des in Bild 10.1 dargestellten zylinderförmigen Bauteils soll das Unabhängigkeitsprinzip verdeutlicht werden.

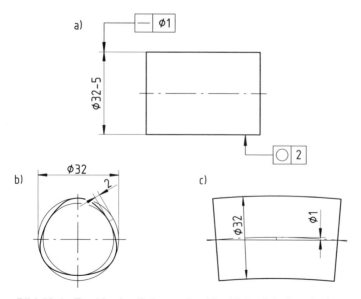

Bild 10.1: Zur Verdeutlichung des Unabhängigkeitsprinzips

10.3 Maximum-Material-Bedingung

Nach dem Unabhängigkeitsprinzip müssen die Formtoleranzen Geradheit der Achse (Toleranzwert 1), Zylinderform (Toleranzwert 2) und die Toleranz des Durchmessers (∅ 30-5) unabhängig voneinander eingehalten werden. Beim Höchstmaß des Durchmessers kann die größte Rundheitsabweichung 2 und die größte Geradheitsabweichung der Achse 1 betragen (Bilder 10.1, b und 10.1, c).

10.2 Hüllbedingung

Die Hüllbedingung nach DIN 7167 kommt vorzugsweise dann zur Anwendung, wenn Bauteile gepaart werden müssen (z. B. Welle mit Bohrung). Sie besagt, dass das wirkliche Formelement (z. B. die Mantelfläche eines Zylinders) innerhalb der Paarungslänge die geometrisch ideale Hülle, die durch das Maximum-Material-Maß bestimmt wird, nicht durchbrechen darf. Die Bilder 10.2 und 10.3 dienen zur Veranschaulichung der Hüllbedingung.

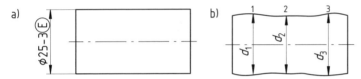

Bild 10.2: Zeichnungseintragung bei Gültigkeit der Hüllbedingung

Soll die Hüllbedingung Gültigkeit haben, wird hinter der Maßtoleranz der eingekreiste Buchstabe E eingetragen (Bild 10.2, a). Kein örtliches Durchmesser-Istmaß darf kleiner als 22 sein. Wird beispielsweise an den Stellen 1, 2 und 3 (Bild 10.2, b) der Durchmesser d gemessen, so muss dieser bei Einhaltung der Maßtoleranz im Bereich 22 bis 25 liegen. Im Fall des hier vorlegenden Zylinders darf dessen Mantelfläche die geometrisch ideale Hülle vom Maximum-Material-Maß mit ∅ 25 nicht durchbrechen (Bild 10.3, a und b).

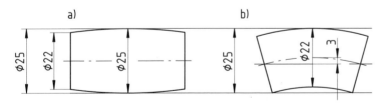

Bild 10.3: Geometrisch ideale Hülle bei Maximum-Material-Maß

10.3 Maximum-Material-Bedingung

Anhand des Bildes 10.4 soll einführend erläutert werden, um was es bei der Maximum-Material-Bedingung geht.

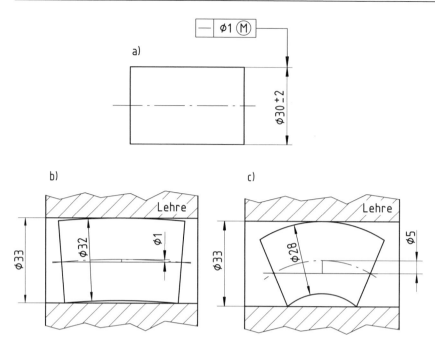

Bild 10.4: Zur einführenden Erläuterung der Maximum-Material-Bedingung

Für die Achse des zylinderförmigen Bauteils mit ⌀ 30 ± 2 ist eine Geradheitstoleranz mit zylindrischer Toleranzzone (Toleranzwert 1) angegeben (Bild 10.4, a). Rechts vom Toleranzwert befindet sich der eingekreiste Buchstabe M. Das ist der Hinweis darauf, dass auf diesen Wert die Maximum-Material-Bedingung anzuwenden ist. Konkret bedeutet dies: der Toleranzwert 1 darf um soviel vergrößert werden, als das damit im Zusammenhang stehende Maß (hier: ⌀ 30 ± 2) von dem Maß abweicht, bei dem Maximum an Material vorliegt. Maximum an Material liegt vor, wenn das Bauteil an jeder Stelle den ⌀ 32 hat. Für diesen Grenzfall kann die Bauteilachse eine Geradheitsabweichung von 1 haben (Bild 10.4, b). Eine Vergrößerung des Toleranzwertes kommt nicht in Frage, da bei ⌀ 32 ein Maximum an Material vorliegt.

Hat das Bauteil beispielsweise an jeder Stelle ⌀ 31, dann beträgt die Differenz zum Maximum-Material-Maß 1. Um diesen Wert darf der Wert der Geradheitstoleranz vergrößert werden, also auf den Wert 2. Die Bauteilachse darf in diesem Fall eine Geradheitsabweichung von 2 haben.

Im anderen Grenzfall, bei dem an jeder Stelle das Minimum-Material-Maß ⌀ 28 vorliegt, beträgt die Differenz zum Maximum-Material-Maß 4. Um diesen Wert darf der Wert der Geradheitstoleranz vergrößert werden, also auf den Wert 5. Die Bauteilachse darf in diesem Fall eine Geradheitsabweichung von 5 haben (Bild 10.4, c).

Die Bilder 10.4, b und c zeigen auch, dass die Paarung des Bauteils mit einem formidealen Gegenstück möglich ist, wenn dessen Bohrungsdurchmesser ⌀ 33 beträgt. Dieses Maß ermittelt man aus Summe von Maximum-Material-Maß ⌀ 32 und Geradheitstoleranz ⌀ 1. Es wird auch als wirksames Grenzmaß bezeichnet.

10.3 Maximum-Material-Bedingung

Allgemein lässt sich sagen, dass durch die Maximum-Material-Bedingung ein Toleranzaustausch zwischen Form-, Lage- und Maßtoleranzen geregelt wird, wobei die ungenutzte Maßtoleranz die Vergrößerung der Form- oder Lagetoleranz gestattet, ohne die Fügbarkeit der Bauteile mit ihren Gegenstücken zu beeinträchtigen.

Die Maximum-Material-Bedingung kann nur für Form- und Lagetoleranzen angewendet werden, die sich auf Achsen und Mittelebenen (Symmetrieebenen) beziehen. Hierzu gehören die Formtoleranzen Geradheitstoleranz einer Achse im Raum und Ebenheitstoleranz einer Symmetrieebene. Als Lagetoleranzen kommen in Frage: Rechtwinkligkeitstoleranz einer Achse zu einer Bezugsebene oder Bezugsachse, Neigungstoleranz einer Achse zu einer Bezugsebene oder Bezugsachse, Koaxialitätstoleranz, Symmetrietoleranz, Positionstoleranz einer Achse oder Symmetrieebene.

Mit weiteren Beispielen (Bilder 10.5 bis 10.8) soll die Interpretation der Maximum-Material-Bedingung weiter vertieft werden.

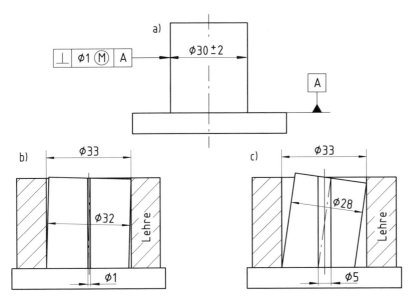

Bild 10.5: Rechtwinkligkeitstoleranz einer Achse zu einer Bezugsebene

Dargestellt ist ein aus zwei Zylindern bestehendes Bauteil. Die Achse des oberen Zylinders ($\varnothing\,30 \pm 2$) soll „rechtwinklig" zu der mit dem Buchstaben A gekennzeichneten Bezugsebene stehen. Als Rechtwinkligkeitstoleranz ist der Toleranzwert 1 mit dem daneben stehenden Buchstaben M angegeben (d. h., die Maximum-Material-Bedingung ist gültig). Der Toleranzwert 1 darf um soviel vergrößert werden, als das damit im Zusammenhang stehende Maß (hier: $\varnothing\,30 \pm 2$) von dem Maß abweicht, bei dem Maximum an Material vorliegt. Maximum an Material liegt vor, wenn der obere Bauteil-Zylinder an jeder Stelle den $\varnothing\,32$ hat. Für diesen Grenzfall kann die Bauteilachse eine Rechtwinkligkeitsabweichung von 1 haben (Bild 10.5, b). Eine Vergrößerung des Toleranzwertes kommt nicht in Frage, da bei $\varnothing\,32$ Maximum an Material vorliegt.

Im anderen Grenzfall, bei dem an jeder Stelle das Minimum-Material-Maß ⌀ 28 vorliegt, beträgt die Differenz zum Maximum-Material-Maß 4. Um diesen Wert darf der Wert der Rechtwinkligkeitstoleranz vergrößert werden, also auf den Wert 5. Die Bauteilachse darf in diesem Fall eine Rechtwinkligkeitsabweichung von 5 haben (Bild 10.5, c).

Die Paarung mit einem **formidealen** Gegenstück ist möglich, wenn dessen Bohrungsdurchmesser ⌀ 33 beträgt, wobei die Grundfläche des Gegenstücks an der Bezugsebene A des Bauteils vollkommen aufliegen muss.

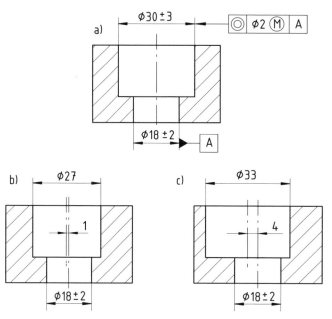

Bild 10.6: Koaxialitätstoleranz einer Achse zu einer Bezugsachse (Buchstabe M steht beim Toleranzwert)

Für die Achse der oberen Bohrung vom Durchmesser ⌀ 30 ± 3 ist eine Koaxialitätstoleranz mit dem Toleranzwert 2 angegeben. Der daneben stehende Buchstabe M weist auf die Gültigkeit der Maximum-Material-Bedingung hin. Grenzfall 1: Die obere Bohrung hat Maximum-Material-Maß (⌀ 27). Für diesen Grenzfall kann der Abstand der Bohrungsachsen die Hälfte des Toleranzwertes von 2, also 1 betragen (Bild 10.6, b). Eine Vergrößerung des Toleranzwertes kommt nicht in Frage, da bei ⌀ 27 Maximum an Material vorliegt.

Grenzfall 2: Die obere Bohrung hat Minimum-Material-Maß (⌀ 33). Für diesen Fall kann der Toleranzwert von 2 um 6 vergrößert werden, also auf 8. Der Abstand der Bohrungsachsen kann die Hälfte des Toleranzwertes von 8, also 4 betragen (Bild 10.6, c).

Es gilt hier die Maximum-Material-Bedingung für den Bezug A. Grenzfall 1: Die untere Bohrung hat Maximum-Material-Maß (⌀ 16). Für diesen Fall kann der Abstand der Bohrungsachsen die Hälfte des Toleranzwertes von 2, also 1 betragen (Bild 10.7, b). Eine Vergrößerung des Toleranzwertes kommt nicht in Frage, da bei ⌀ 16 Maximum an Material vorliegt. Grenzfall 2: Die untere Bohrung hat Minimum-Material-Maß (⌀ 20). Für diesen

10.3 Maximum-Material-Bedingung

Grenzfall kann der Toleranzwert von 2 um 4 vergrößert werden, also auf 6. Der Abstand der Bohrungsachsen kann die Hälfte des Toleranzwertes von 6, also 3 betragen (Bild 10.6, c).

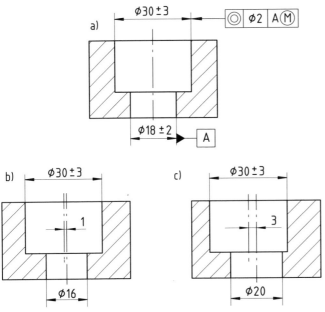

Bild 10.7: Koaxialitätstoleranz einer Achse zu einer Bezugsachse (Buchstabe M steht beim Bezugsbuchstaben)

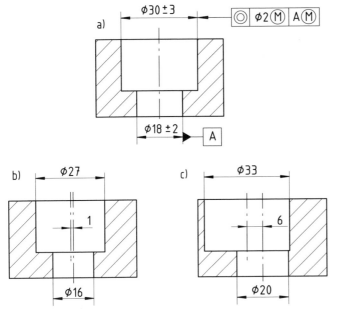

Bild 10.8: Koaxialitätstoleranz (Buchstabe M beim Toleranzwert und Bezugsbuchstaben)

Gegenüber den Beispielen der Bilder 10.6 und 10.7 gibt es für den Grenzfall 1, der beinhaltet, dass beide Bohrungen ihr Maximum-Material-Maß aufweisen (⌀27 und ⌀16) keinen Unterschied (Bild 10.8, b). Im Grenzfall 2 weisen beide Bohrungen ihr Minimal-Material-Maß auf. Für diesen Fall kann der Toleranzwert von 2 um 10 (6 für die obere Bohrung und 4 für die untere Bohrung) vergrößert werden, also auf 12. Der Abstand der Bohrungsachsen kann die Hälfte des Toleranzwertes von 12, also 6 betragen (Bild 10.8, c).

<u>Hinweis:</u> Zur weiteren Vertiefung des Themas *Tolerierungsprinzipien* werden das Werk der Autoren *Trumbold/Beck/Richter* mit dem Titel *Toleranzsysteme und Toleranzdesign* und die einschlägigen Normen empfohlen.

Normen zu Kapitel 10

DIN 7167	Zusammenhang zwischen Maß-, Form- und Lagetoleranzen Hüllbedingung ohne Zeichnungseintragung
DIN ISO 8015	Technische Zeichnungen Tolerierungsgrundsatz
DIN EN ISO 2692	Geometrische Produktspezifikation (GPS) Form- und Lagetolerierung – Maximum-Material-Bedingung (MMR), Minimum-Material-Bedingung (LMR) und Reziprozitätsbedingung (RPR)

11 Passungen

11.1 Allgemeines

Als Passung wird nach DIN ISO 286-1 die Differenz der Maße zweier zu fügender Formelemente bezeichnet. In der Regel handelt es sich dabei um zylinderförmige Formelemente wie die Paarung einer Welle mit einer Bohrung mit gleichem Nennmaß. Aber auch andere Formelemente können miteinander gefügt (gepaart) werden, z. B. solche mit quadratischen oder elliptischen Formen. Die zu fügenden Teile werden als Passteile bezeichnet.

Beispiel für eine Passung: Soll ein Zahnrad auf einer Getriebewelle axial verschiebbar sein, so ist eine Spielpassung vorzusehen, bei der das Maß der Innenpassfläche (Bohrungsdurchmesser) größer als das Maß der Außenpassfläche (Durchmesser der Welle) ist. Die Differenz beider Maße ergibt das Spiel $P_S = I_I - I_A > 0$, das wegen seines positiven Vorzeichens auch als positive Passung bezeichnet wird.

Bei einer Übermaßpassung ist das Maß der Innenpassfläche (Bohrungsdurchmesser) vor dem Fügen kleiner ist als das Maß der Außenpassfläche (Durchmesser der Welle). Die Differenz beider Maße ergibt das Übermaß $P_Ü = I_I - I_A < 0$, das wegen seines negativen Vorzeichens auch als negative Passung bezeichnet wird.

Mit Spiel- und Übermaßpassungen befassen sich die beiden folgenden Abschnitte noch etwas genauer.

11.2 Spielpassung

Ist das Mindestmaß der Bohrung größer oder im Grenzfall gleich dem Höchstmaß der Welle, so liegt eine Spielpassung vor. Beispiel: Wird für den Bohrungsdurchmesser (Maß der Innenpassfläche) die Toleranzklasse H7 und den Durchmesser der Welle (Maß der Außenpassfläche) die Toleranzklasse g6 gewählt, so liegt eine Spielpassung vor (Bild 11.1).

Das Höchstspiel P_{SO} ist definiert als Differenz zwischen dem Höchstmaß G_{oI} der Innenpassfläche und dem Mindestmaß der Außenpassfläche G_{uA}:

$$P_{SO} = G_{oI} - G_{uA} = N + ES - (N + ei) = ES - ei\ .$$

Für das Beispiel (Bild 11.1) ist

$$P_{SO} = G_{oI} - G_{uA} = 50{,}025\ \text{mm} - 49{,}975\ \text{mm} = 0{,}05\ \text{mm} \quad \text{bzw.}$$

$$P_{SO} = ES - ei = +0{,}025\ \text{mm} - (-0{,}025\ \text{mm}) = 0{,}05\ \text{mm}\ .$$

Das Mindestspiel P_{SU} ist definiert als Differenz zwischen dem Mindestmaß der Innenpassfläche G_{uI} und dem Höchstmaß der Außenpassfläche G_{oA}:

$$P_{SU} = G_{uI} - G_{oA} = N + EI - (N + es) = EI - es\ .$$

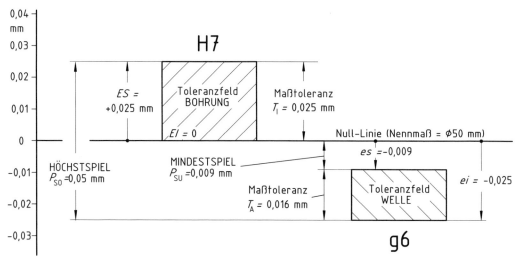

Bild 11.1: Beispiel für eine Spielpassung (H7/g6) bei Nennmaß ⌀ 50 mm

Für das Beispiel ist

$P_{SU} = G_{uI} - G_{oA} = 50 \text{ mm} - 49{,}991 \text{ mm} = 0{,}009 \text{ mm}$ bzw.

$P_{SU} = EI - es = 0 \text{ mm} - (-0{,}009 \text{ mm}) = 0{,}009 \text{ mm}$.

Das Höchstspiel P_{SO} wird auch als Höchstpassung und das Mindestspiel P_{SU} als Mindestpassung bezeichnet.

Die Passtoleranz ist definiert als Differenz zwischen der Höchstpassung P_{SO} und der Mindestpassung P_{SU}:

$P_T = P_{SO} - P_{SU} = G_{oI} - G_{uA} - (G_{uI} - G_{oA}) = G_{oI} - G_{uI} + (G_{oA} - G_{uA}) = T_I + T_A$.

Für das Beispiel ist

$P_T = P_{SO} - P_{SU} = 0{,}05 \text{ mm} - 0{,}009 \text{ mm} = 0{,}041 \text{ mm}$ bzw.

$P_T = T_I + T_A = 0{,}025 \text{ mm} + 0{,}016 \text{ mm} = 0{,}041 \text{ mm}$.

Die Passtoleranz gibt den Bereich an, innerhalb dessen der mögliche Unterschied der Istmaße zwischen Bohrung (Innenpassfläche) und Welle (Außenpassfläche) liegen kann. Beispiel: Beträgt das Istmaß der Bohrung $P_{iI} = 50{,}018$ mm und das Istmaß der Welle $P_{iA} = 49{,}98$ mm, so liegt der Unterschied

$P_{iI} - P_{iA} = 50{,}018 \text{ mm} - 49{,}98 \text{ mm} = 0{,}038 \text{ mm}$,

innerhalb des von der Passtoleranz $P_T = 0{,}041$ mm vorgegebenen Bereiches. Einen größeren als durch die Passtoleranz vorgegebenen Unterschied kann es bei der hier vorliegenden Spielpassung nicht geben, wenn Bohrung und Welle mit ihren Istmaßen innerhalb der Toleranz liegen.

11.3 Übermaßpassung

Ist das Höchstmaß der Bohrung kleiner oder im Grenzfall gleich dem Mindestmaß der Welle, so liegt eine Übermaßpassung vor. Beispiel: Wird für den Bohrungsdurchmesser (Maß der Innenpassfläche) die Toleranzklasse H7 und den Durchmesser der Welle (Maß der Außenpassfläche) die Toleranzklasse s5 gewählt, so liegt eine Übermaßpassung vor (Bild 11.2).

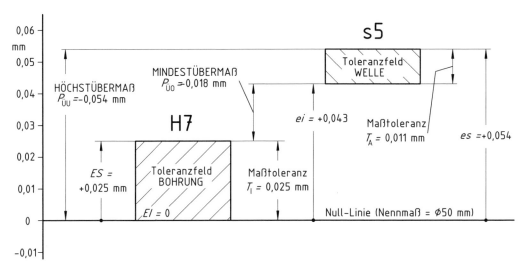

Bild 11.2: Beispiel für eine Übermaßpassung (H7/s5) bei Nennmaß ⌀ 50 mm

Das Mindestübermaß $P_{\text{ÜO}}$ ist definiert als Differenz zwischen dem Höchstmaß der Innenpassfläche G_{oI} und dem Mindestmaß der Außenpassfläche G_{uA}:

$P_{\text{ÜO}} = G_{\text{oI}} - G_{\text{uA}} = N + ES - (N + ei) = ES - ei$.

Für das Beispiel (Bild 11.2) ist

$P_{\text{ÜO}} = G_{\text{oI}} - G_{\text{uA}} = 50,025 \text{ mm} - 50,043 \text{ mm} = -0,018 \text{ mm}$ bzw.

$P_{\text{ÜO}} = ES - ei = +0,025 \text{ mm} - (+0,043 \text{ mm}) = -0,018 \text{ mm}$.

Das Höchstübermaß $P_{\text{ÜU}}$ ist definiert als Differenz zwischen dem Mindestmaß der Innenpassfläche G_{uI} und dem Höchstmaß der Außenpassfläche G_{oA}:

$P_{\text{ÜU}} = G_{\text{uI}} - G_{\text{oA}} = N + EI - (N + es) = EI - es$.

Für das Beispiel ist

$P_{\text{ÜU}} = G_{\text{uI}} - G_{\text{oA}} = 50 \text{ mm} - 50,054 \text{ mm} = -0,054 \text{ mm}$ bzw.

$P_{\text{ÜU}} = EI - es = 0 \text{ mm} - (+0,054 \text{ mm}) = -0,054 \text{ mm}$.

Das Mindestübermaß $P_{\text{ÜO}}$ wird auch als Höchstpassung und das Höchstübermaß $P_{\text{ÜU}}$ als Mindestpassung bezeichnet.

Die Passtoleranz ist definiert als Differenz zwischen der Höchstpassung $P_{\text{ÜO}}$ und der Mindestpassung $P_{\text{ÜU}}$:

$$P_{\text{T}} = P_{\text{ÜO}} - P_{\text{ÜU}} = T_{\text{I}} + T_{\text{A}}.$$

Für das Beispiel ist

$$P_{\text{T}} = P_{\text{ÜO}} - P_{\text{ÜU}} = -0,018\,\text{mm} - (-0,054\,\text{mm}) = 0,036\,\text{mm} \quad \text{bzw.}$$

$$P_{\text{T}} = T_{\text{I}} + T_{\text{A}} = 0,025\,\text{mm} + 0,011\,\text{mm} = 0,036\,\text{mm}.$$

11.4 Übergangspassung

Neben der Spiel- und Übermaßpassung gibt es noch die Übergangspassung. Es handelt sich hierbei um eine Passung, bei der beim Fügen von Bohrung und Welle entweder ein Spiel oder ein Übermaß vorliegt, abhängig von den jeweiligen Istmaßen von Bohrung und Welle. Beispiel: Wird für den Bohrungsdurchmesser (Maß der Innenpassfläche) die Toleranzklasse H7 und den Durchmesser der Welle (Maß der Außenpassfläche) die Toleranzklasse n6 gewählt, so liegt eine Übergangspassung vor (Bild 11.3).

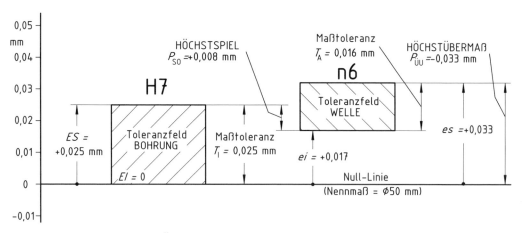

Bild 11.3: Beispiel für eine Übergangspassung (H7/n6) bei Nennmaß ⌀ 50 mm

Das Höchstspiel P_{SO} ist definiert als Differenz zwischen dem Höchstmaß der Innenpassfläche G_{oI} und dem Mindestmaß der Außenpassfläche G_{uA}:

$$P_{\text{SO}} = G_{\text{oI}} - G_{\text{uA}} = N + ES - (N + ei) = ES - ei.$$

11.4 Übergangspassung

Für das Beispiel (Bild 11.3) ist

$P_{SO} = G_{oI} - G_{uA} = 50,025 \text{ mm} - 50,017 \text{ mm} = 0,008 \text{ mm}$ bzw.

$P_{SO} = ES - e = +0,025 \text{ mm} - (+0,017 \text{ mm}) = 0,008 \text{ mm}$.

Das Höchstübermaß $P_{ÜU}$ ist definiert als Differenz zwischen dem Mindestmaß der Innenpassfläche G_{uI} und dem Höchstmaß der Außenpassfläche G_{oA}:

$P_{ÜU} = G_{uI} - G_{oA} = N + EI - (N + es) = EI - es$.

Für das Beispiel ist

$P_{ÜU} = G_{uI} - G_{oA} = 50 \text{ mm} - 50,033 \text{ mm} = -0,033 \text{ mm}$ bzw.

$P_{ÜU} = EI - es = 0 \text{ mm} - (+0,033 \text{ mm}) = -0,033 \text{ mm}$.

Das Höchstspiel P_{SO} wird auch als Höchstpassung und das Höchstübermaß $P_{ÜU}$ als Mindestpassung bezeichnet.

Die Passtoleranz ist definiert als Differenz zwischen der Höchstpassung P_{SO} und der Mindestpassung $P_{ÜU}$:

$P_T = P_{SO} - P_{ÜU} = T_I + T_A$.

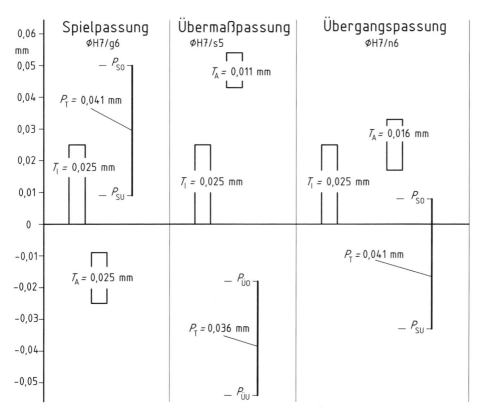

Bild 11.4: Maßtoleranzen im Vergleich mit den Passtoleranzen

Für das Beispiel ist

$P_T = P_{SO} - P_{ÜU} = 0,008 \text{ mm} - (-0,033 \text{ mm}) = 0,041 \text{ mm}$ bzw.

$P_T = T_I + T_A = 0,025 \text{ mm} + 0,016 \text{ mm} = 0,041 \text{ mm}.$

In Bild 11.4 werden die Maß- und Passtoleranzen der drei Passungsarten (Bilder 11.1 bis 11.3) dargestellt.

11.5 Pass-Systeme

Im Maschinenbau werden die ISO-Pass-Systeme der Einheitsbohrung nach DIN 7154 und der Einheitswelle nach DIN 7155 vorzugweise verwendet.

Beim Pass-System der Einheitsbohrung liegt der Bohrung (Innenpassfläche) generell die Toleranzfeldlage H zugrunde. Die funktional bedingte Passungsart (Spiel-, Übermaß- oder Übergangspassung) ergibt sich, wenn die Toleranzfeldlage der Welle (Außenpassfläche) in geeigneter Weise gewählt wird.

Hinweis: Den in den Bildern 11.1 bis 11.3 vorgestellten Passungen liegt das Pass-System der Einheitsbohrung zugrunde.

Beim Pass-System der Einheitswelle liegt der Welle (Außenpassfläche) generell die Toleranzfeldlage h zugrunde. Die funktional bedingte Passungsart (Spiel-, Übermaß- oder Übergangspassung) ergibt sich, wenn die Toleranzfeldlage der Bohrung (Innenpassfläche) in geeigneter Weise gewählt wird.

11.6 Passungsauswahl

In Tafel 11.1 sind einige Passungen nach den o. g. Pass-Systemen in Form einer Auswahl zusammengestellt. In der rechten Spalte werden Hinweise auf deren Anwendung gegeben.

Normen zu Kapitel 11

DIN ISO 286-1	ISO-System für Grenzmaße und Passungen Teil 1: Grundlagen für Toleranzen, Abmaße und Passungen, Identisch mit ISO 286-1: 1988
DIN ISO 286-2	ISO-System für Grenzmaße und Passungen Teil 2: Tabellen der Grundtoleranzgrade und Grenzabmaße für Bohrungen und Wellen; Identisch mit ISO 286-2: 1988
DIN 7154-1	ISO-Passungen für Einheitsbohrung Teil 1: Toleranzfelder, Abmaße in µm
DIN 7154-2	ISO-Passungen für Einheitsbohrung Teil 2: Passtoleranzen, Spiele und Übermaße in µm
DIN 7155-1	ISO-Passungen für Einheitswelle Teil 1: Toleranzfelder, Abmaße in µm
DIN 7155-2	ISO-Passungen für Einheitswelle Teil 2: Passtoleranzen, Spiele und Übermaße in µm
DIN 7157	Passungsauswahl Toleranzfelder, Abmaße, Passtoleranzen

11.6 Passungsauswahl

Tafel 11.1: Auswahl zu empfehlender Passungen nach DECKER, Maschinenelemente, Tabellen und Diagramme, 16. Auflage, Carl Hanser Verlag

Passung		Merkmal	Anwendungsbeispiele
Spielpassungen			
H11/a11	A11/h11	Besonders großes Bewegungsspiel	Reglerwellen, Bremswellenlager, Federgehänge, Kuppelbolzen
H11/c11	C11/a11	Großes Bewegungsspiel	Lager in Haushalts- und Landmaschinen, Drehschalter, Raststifte für Hebel, Gabelbolzen
H11/d9	C11/h9	Sicheres Bewegungsspiel	Abnehmbare Hebel und Kurbeln, Hebel- und Gabelbolzen, Lager für Rollen und Führungen
H9/d9	D10/h9	Sehr reichliches Spiel	Lager von Landmaschinen und langen Kranwellen, Leerlaufscheiben, grobe Zentrierungen, Spindeln von Texilmaschinen
H8/d9	E9/h9	Reichliches Spiel, Weiter Laufsitz	Seilrollen, Achsbuchsen an Fahrzeugen, Lager von Gewindespindeln und Transmissionswellen
H8/e8	F8/h9	Merkliches Spiel, Schlichtlaufsitz	Mehrfach gelagerte Wellen, Vorgelegewellen, Achsbuchsen an Kraftfahrzeugen
H8/f7	F8/h7	Merkliches Spiel, Leichter Laufsitz	Hauptlager von Kurbelwellen, Pleuelstangen, Kreisel- und Zahnradpumpen, Gebläsewellen, Kolben, Kupplungsmuffen
H7/f7	F8/h6	Merkliches Spiel, Laufsitz	Lager für Werkzeugmaschinen, Getriebewellen, Kurbel- und Nockenwellen, Regler, Führungssteine
H7/g6	G7/h6	Wenig Spiel, Enger Laufsitz	Ziehkeilräder, Schubkupplungen, Schieberäderblöcke, Stellstifte in Führungsbuchsen, Pleuelstangenlager
H11/h9	H11/h11	Geringes Spiel, Weiter Gleitsitz	Landandmaschinenteile, die auf Wellen verstiftet, festgeschraubt oder festgeklemmt werden, Distanzbuchsen, Scharnierbolzen, Hebelschalter
H8/h9	H8/h9	Kraftlos verschiebbar, Schlichtgleitsitz	Stellringe für Transmissionen, Handkurbeln, Zahnräder, Kupplungen, Riemenscheiben, die über Wellen geschoben werden müssen.
H7/h6	H7/h6	Von Hand noch verschiebbar, Gleitsitz	Wechselräder auf Wellen, lose Buchsen für Kolbenbolzen, Zentrierflansche für Kupplungen, Stellringe, Säulenführungen

Tafel 11.1: (Fortsetzung)

Passung		Merkmal	Anwendungsbeispiele
Übergangspassungen			
H7/j6	J7/h6	Mit Holzhammer oder von Hand fügbar, Schiebesitz	Öfter auszubauende oder schwierig einzubauende Riemenscheiben, Zahnräder, Handräder und Zentrierungen
H7/k6	K7/h6	Mit Handhammer fügbar, Haftsitz	Riemenscheiben, Kupplungen, Zahnräder auf Wellen, Schwungräder mit Tangentkeilen, feste Handräder und -hebel, Paßstifte
H7/n6	N7/n6	Mit Presse fügbar, Festsitz	Zahnkränze auf Radkörpern, Bunde auf Wellen, Lagerbuchsen in Getriebekästen, Stirn- und Schneckenräder, Anker auf Motorwellen
Übermaßpassungen			
H7/r6 H7/s6	R7/h6 S7/h6	Mittlerer Preßsitz	Kupplungsnaben, Bronzekränze auf Grauguß-naben, Lagerbuchsen in Gehäusen, Rädern und Schubstangen
H7/x6 H8/u7	X7/h6 U8/h7	Starker Preßsitz	Naben von Zahnrädern, Laufrädern und Schwungrädern, Wellenflansche

12   Werkstückkanten

12.1   Begriffe

Basierend auf der Norm DIN ISO 13715 (Werkstückkanten mit unbestimmter Form) werden nachfolgend die für Werkstückkanten gültigen Begriffe und die hierfür in technischen Zeichnungen zu erfolgenden Angaben vorgestellt.

Werkstückkante: Schneiden sich zwei Oberflächen, entsteht als Schnittlinie eine Werkstückkante. Werkstückkanten unbestimmter Form sind solche, deren Form nicht genau festgelegt ist.

Kantenzustand: Die geometrische Form der Werkstückkante und deren Größe wird als Kantenzustand definiert.

Grat: Das Material, das nach der mechanischen Bearbeitung außerhalb der idealgeometrischen Form einer Außenkante zurückbleibt, wird als Grat bezeichnet (Bild 12.1).

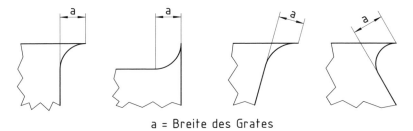

Bild 12.1: Beispiele für einen Grat

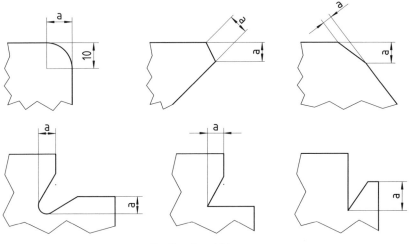

Bild 12.2: Beispiele für Abtragung (oben: Außenkanten, unten: Innenkanten)

Abtragung: Die Abweichung, die innerhalb der ideal-geometrischen Form einer Werkstück-Außen- oder einer Werkstück-Innenkante liegt, heißt Abtragung (Bild 12.2).

Übergang: Als Übergang wird die außerhalb der ideal-geometrischen Form einer Werkstück-Innenkante liegende Abweichung bezeichnet (Bild 12.3).

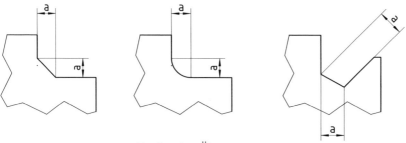

a = Breite des Überganges

Bild 12.3: Beispiele für Übergänge

12.2 Angaben in Zeichnungen

Zur Spezifizierung der Kantenzustände eines Bauteils bedient man sich des in Bild 12.4 dargestellten Grundsymbols, dem weitere Angaben hinzugefügt werden.

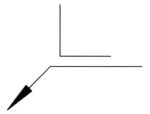

Bild 12.4: Grundsymbol zur Spezifizierung von Kantenzuständen

Bei dem in Bild 12.5 dargestellten Bauteil sind in der Vorderansicht alle senkrecht zur Zeichenebene liegende Kanten mit dem Kantensymbol versehen. Die Schnittdarstellung wird zur Kennzeichnung der Kantenzustände der Bohrung und der darunter liegenden halbrundförmigen Aussparung genutzt.

Bei dem in Bild 12.6 dargestellten Bauteil weist das mit dem Kreis versehene Kantensymbol darauf hin, dass bei den umlaufenden äußeren Kanten von Vorder- und Rückseite eine Abtragung bis 0,3 mm zulässig ist.

Sollen bestimmte Kantenzustände nur für begrenzte Bereiche gelten, so sind die betreffenden Bereiche durch entsprechende Maßangaben festzulegen und zusätzlich durch breite Strichpunktlinien zu kennzeichnen (Bild 12.7)

12.2 Angaben in Zeichnungen

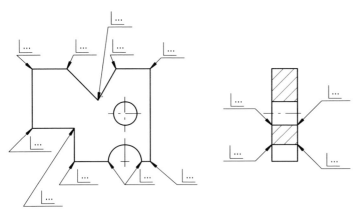

Bild 12.5: Kennzeichnung von Kanten in Form von Einzelangaben

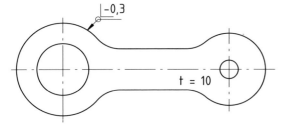

Bild 12.6: Kennzeichnung umlaufender Kanten

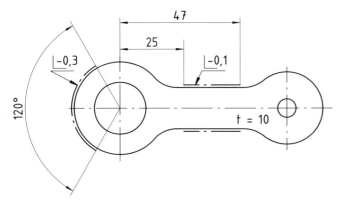

Bild 12.7: Kennzeichnung von Kantenzuständen für begrenzte Bereiche

Soll für alle Außen- und Innenkanten eines Bauteils derselbe Kantenzustand gelten, so ist das Symbol dafür in der Nähe der Darstellung anzuordnen (Bild 12.8).

Das Kantensymbol des Bildes 12.8 besagt: Alle Außenkanten sind ohne Grat bis zu einer zulässigen Abtragung von 0,1 mm auszuführen. Für alle Innenkanten gilt: es wird eine Abtragung bis 0,1 mm zugelassen.

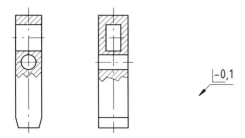

Bild 12.8: Sammelangabe des Kantenzustandes aller Außen- und Innenkanten

Soll für die Innenkanten eines Bauteils ein anderer Kantenzustand als für die Außenkanten gelten, so ist hinsichtlich der Angabe der Kantenzustände wie in Bild 12.9 gezeigt zu verfahren.

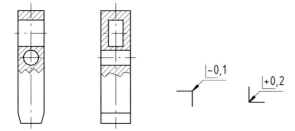

Bild 12.9: Angabe der Kantenzustände der Außen- und Innenkanten

Die Kantensymbole des Bildes 12.9 besagen: Alle Außenkanten sind ohne Grat bis zu einer zulässigen Abtragung von 0,1 mm auszuführen. Für alle Innenkanten gilt: es wird ein Übergang bis 0,2 mm zugelassen.

Die Kantenangaben des in Bild 12.10 dargestellten Bauteils bedeuten: Für die Kanten, die in der Darstellung des Bauteils nicht mit einem Kantensymbol gekennzeichnet sind, gelten die außerhalb der Klammern stehenden Kantenangaben. Die in der Klammer stehende Kantenangabe wird mit Sammelangabe bezeichnet.

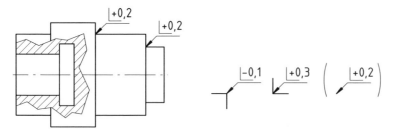

Bild 12.10: Kantenzustände in Verbindung mit einer Sammelangabe

12.2 Angaben in Zeichnungen

Die Kantensymbole des Bildes 12.10 besagen: Bei den beiden in der Darstellung des Bauteils mit dem Kantensymbol versehenen Innenkanten wird ein Übergang bis 0,2 mm zugelassen. Bei allen übrigen Innenkanten wird ein Übergang bis 0,3 mm zugelassen. Alle Außenkanten sind gratfrei mit einer Abtragung bis 0,1 mm auszuführen.

Die Kantenangaben des in Bild 12.11 dargestellten Bauteils bedeuten: Für die Kanten, die in der Darstellung des Bauteils nicht mit einem Kantensymbol gekennzeichnet sind, gilt die außerhalb der Klammern stehende Kantenangabe.

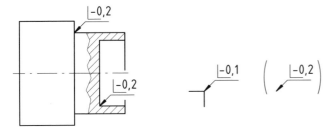

Bild 12.11: Kantenzustände in Verbindung mit einer Sammelangabe

Die Kantensymbole des Bildes 12.11 besagen: Bei den beiden in der Darstellung des Bauteils mit dem Kantensymbol versehenen Innenkanten wird eine Abtragung bis 0,2 mm zugelassen. Alle übrigen Kanten (Außenkanten) sind gratfrei mit einer Abtragung bis 0,1 mm auszuführen.

Die Kantenangaben des in Bild 12.12 dargestellten Bauteils bedeuten: Für die Kanten, die in der Darstellung des Bauteils nicht mit einem Kantensymbol gekennzeichnet sind, gilt die außerhalb der Klammern stehende Kantenangabe.

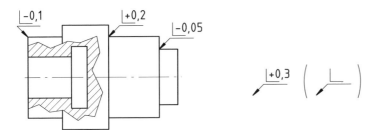

Bild 12.12: Vereinfachte Darstellung von Kantenzuständen in Verbindung mit einer Sammelangabe

Die Kantensymbole des Bildes 12.12 besagen: Bei den drei in der Darstellung des Bauteils mit einem Symbol versehenen Kanten ist die Außenkante gratfrei mit einer Abtragung bis 0,1 mm auszuführen, bei der einen Innenkante ist ein Übergang bis 0,2 mm und bei der anderen eine Abtragung bis 0,05 mm zugelassen. Alle übrigen Kanten (Außen- und Innenkanten) sind entsprechend des links von den Klammern stehenden Kantensymbols auszuführen. Innerhalb der Klammern befindet sich das Grundsymbol, das stellvertretend für die drei in der Bauteildarstellung enthaltenen Kantensymbole steht.

Zulässige Kantenzustände werden in Form zusätzlicher Symbolelemente dem Grundsymbol hinzugefügt (Bild 12.13).

Bild 12.13: Angabe der zulässigen Kantenzustände am Grundsymbol

Das Pluszeichen besagt, dass in Relation zur Idealform der Werkstückkante Materialüberschuss vorhanden sein darf: bei Außenkanten als Grat, bei Innenkanten als Übergang. Das Minuszeichen erfordert Materialabtrennung in Relation zur Idealform der Werkstückkante, d. h. eine Abtragung an Außen- und Innenkanten. Bei Angabe von Plus- und Minuszeichen unter Hinzufügen einer Maßangabe sind Grat oder Abtragung zugelassen.

Falls es erforderlich sein sollte, die zugelassene Gratrichtung einer Außenkante oder die Abtragungsrichtung einer Innenkante festzulegen, so kann dies wie in Bild 12.14 gezeigt erfolgen.

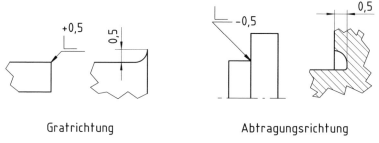

Gratrichtung   Abtragungsrichtung

Bild 12.14: Angabe der Grat- und Abtragungsrichtung

Die in Tafel 12.1 zu findenden Maße sind als empfohlene Kantenmaße zu betrachten.

Für Kantenmaße können auch obere und untere Grenzabmaße festgelegt werden, wobei das obere Grenzabmaß über dem unteren steht (Bild 12.15).

Tafel 12.1: Empfohlene Kantenmaße

a	Anwendung
a +2,5 +1 +0,5 +0,3 +0,1	Werkstückkanten mit zugelassenem Grat oder Übergang; Abtragung nicht zugelassen
+0,05 +0,02 −0,05 −0,02	scharfkantig
−0,1 −0,3 −0,5 −1 −2,5 a	Werkstückkanten mit zugelassener Abtragung; Grat und Übergang nicht zugelassen
a zusätzliche Maße nach Erfordernis	

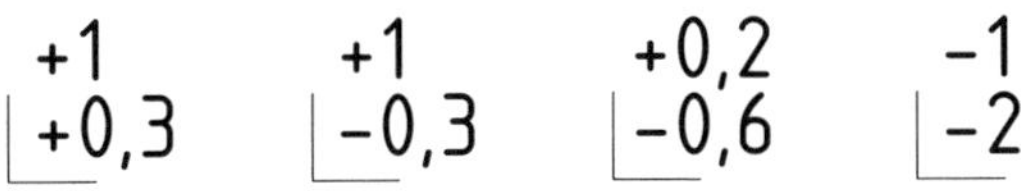

$$\begin{array}{|l} +1 \\ +0{,}3 \end{array} \qquad \begin{array}{|l} +1 \\ -0{,}3 \end{array} \qquad \begin{array}{|l} +0{,}2 \\ -0{,}6 \end{array} \qquad \begin{array}{|l} -1 \\ -2 \end{array}$$

Bild 12.15: Angabe von Grenzabmaßen – Beispiele

12.3 Beispiele

Tafel 12.2 gibt in übersichtlicher Form eine Reihe von Beispielen für Kantenangaben und deren Bedeutungen.

Normen zu Kapitel 12

DIN ISO 13715 Werkstückkanten mit unbestimmter Form
              Begriffe und Zeichnungsangaben

Tafel 12.2: Beispiele für Kantenarten

Angabe	Bedeutung	Erklärung
1 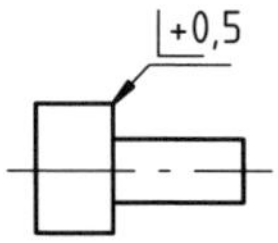 ⌐+0,5	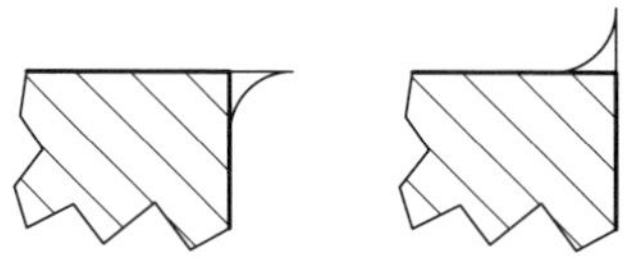	Außenkante mit zugelassenem Grat von 0 mm bis 0,5 mm; Gratrichtung unbestimmt
2 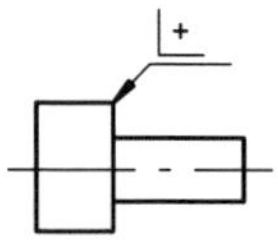 ⌐+		Außenkante mit zugelassenem Grat; Grathöhe und Gratrichtung unbestimmt
3 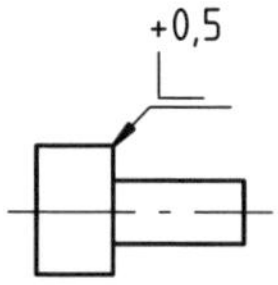 +0,5	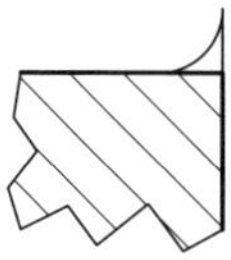	Außenkante mit zugelassenem Grat von 0 mm bis 0,5 mm; Gratrichtung bestimmt
4 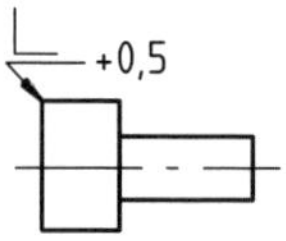 ⌐+0,5	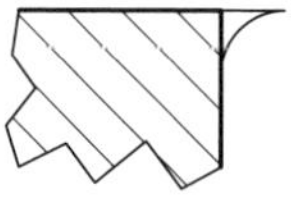	
5 ⌐−0,5 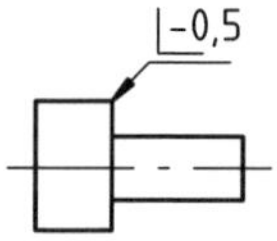	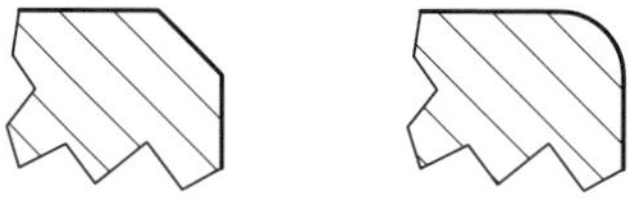	Außenkante ohne Grat; Abtragung von 0 mm bis 0,5 mm
6 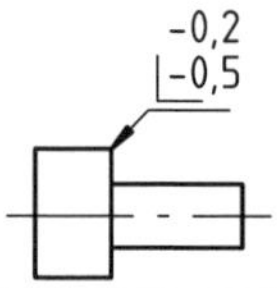 −0,2 ⌐−0,5		Außenkante ohne Grat; Abtragung im Bereich von 0,2 mm bis 0,5 mm
7 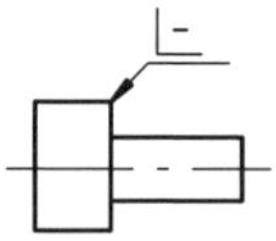 ⌐−		Außenkante ohne Grat; Größe der Abtragung unbestimmt
8 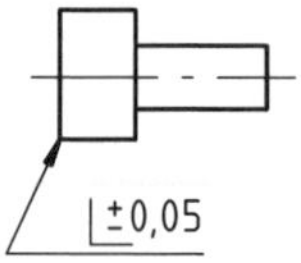 ⌐±0,05	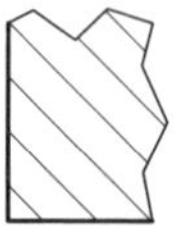	Außenkante mit zugelassenem Grat von 0 mm bis 0,05 mm oder zugelassener Abtragung von 0 mm bis 0,05 mm (scharfkantig); Richtung des Grates unbestimmt

12.3 Beispiele

Tafel 12.2: Beispiele für Kantenarten (Fortsetzung)

Angabe	Bedeutung	Erklärung
9 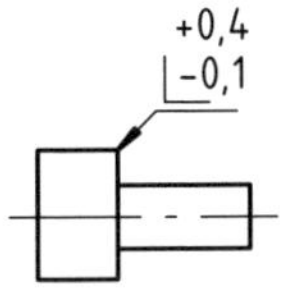 (+0,4 / −0,1)	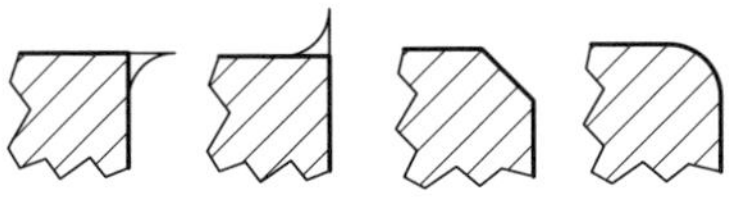	Außenkante mit zugelassenem Grat von 0 mm bis 0,4 mm oder zugelassener Abtragung von 0 mm bis 0,1 mm; Gratrichtung unbestimmt
10 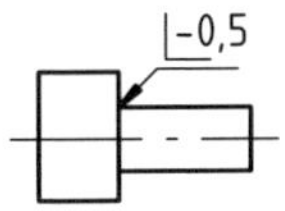 (−0,5)	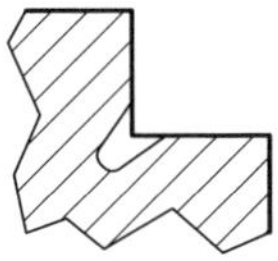	Innenkante mit zugelassener Abtragung von 0 mm bis 0,5 mm; Abtragungsrichtung unbestimmt
11 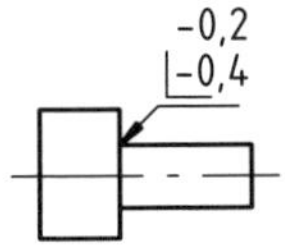 (−0,2 / −0,4)	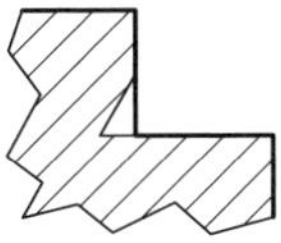	Innenkante mit zugelassener Abtragung im Bereich von 0,2 mm bis 0,4 mm; Abtragungsrichtung unbestimmt
12 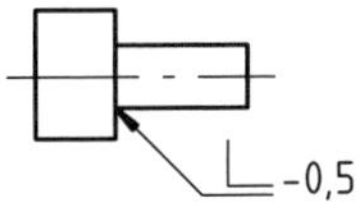 (−0,5)	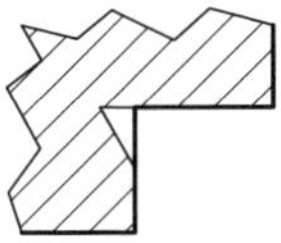	Innenkante mit zugelassener Abtragung von 0 mm bis 0,5 mm; Abtragungsrichtung bestimmt
13 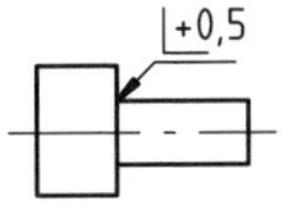 (+0,5)	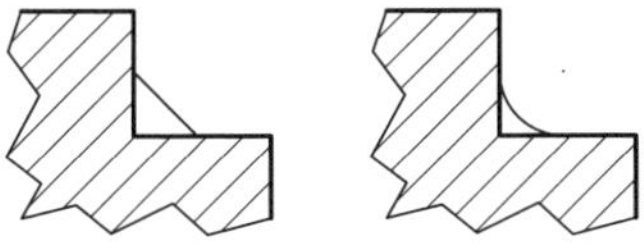	Innenkante mit zugelassenem Übergang bis 0,5 mm
14 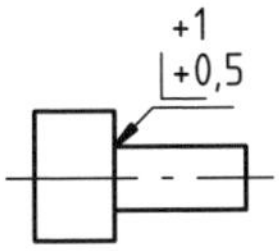 (+1 / +0,5)		Innenkante mit zugelassenem Übergang im Bereich von 0,5 mm bis 1 mm
15 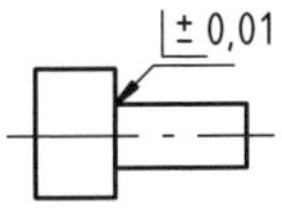 (±0,01)	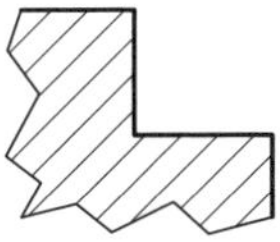	Innenkante mit zugelassener Abtragung von 0 mm bis 0,01 mm oder mit zugelassenem Übergang bis 0,01 mm (scharfkantig); Abtragungsrichtung unbestimmt
16 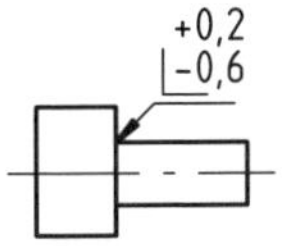 (+0,2 / −0,6)	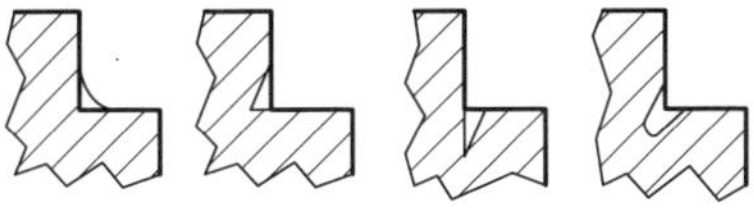	Innenkante mit zugelassenem Übergang bis 0,2 mm oder mit zugelassener Abtragung von 0 mm bis 0,6 mm; Richtung der Abtragung unbestimmt

13 Schweißverbindungen

Mit Tafel 13.1 werden einige der in technischen Zeichnungen für Schweißverbindungen verwendeten Symbole vorgestellt. Es handelt sich hierbei um eine Auswahl nach DIN EN 22553 für Schweißnähte, die im Maschinenbau anzutreffen sind.

Tafel 13.1: Nahtformen mit Symbolen für Schweißverbindungen – Auswahl

Benennung	Symbol	Fugenform	Nahtform	Symbolische Darstellung
I - Naht	||	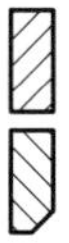	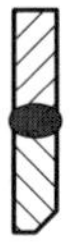	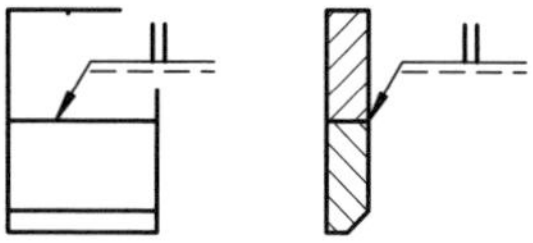
V - Naht	V			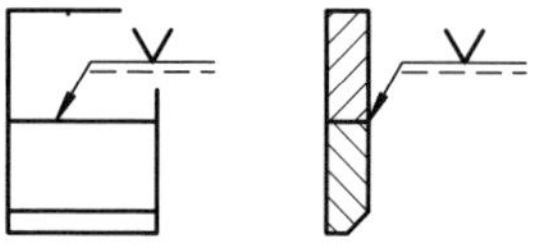
V - Naht mit Gegenlage				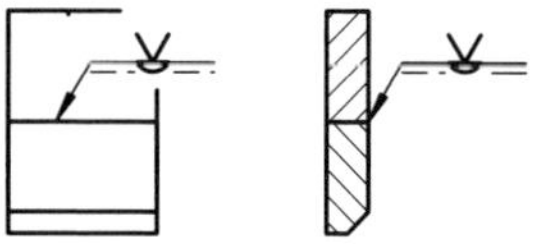
Y - Naht	Y			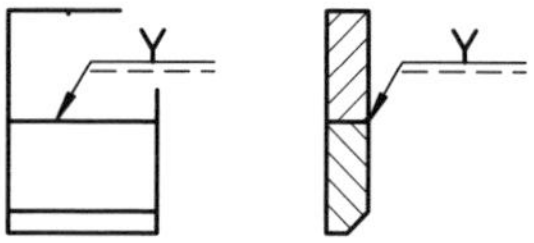
X - Naht (Doppel-V-Naht)	X			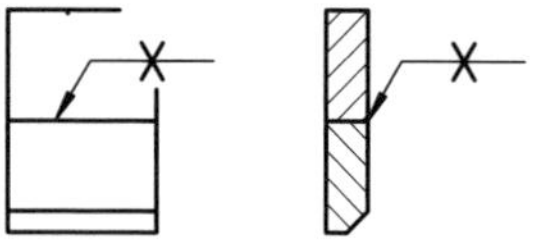
Bördelnaht				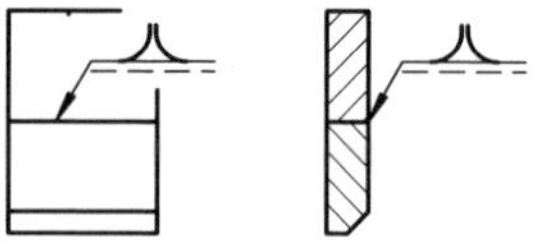
Kehlnaht	△			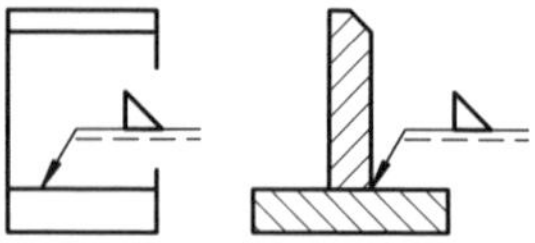
Doppel-Kehlnaht		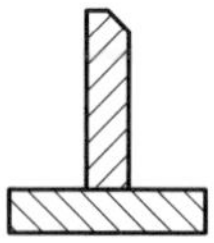		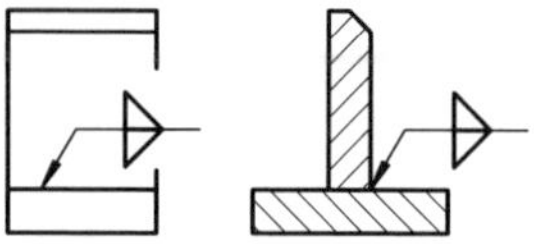

13 Schweißverbindungen

Das in Bild 13.1 gezeigte Symbol ist Tafel 13.1 entnommen. Mit ihm wird die zeichnerische Verbindung zum Schweißstoß hergestellt. Es wird auch Bezugszeichen genannt.

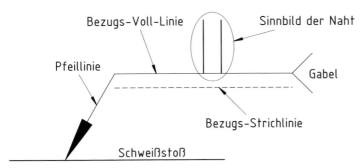

Bild 13.1: Bezugszeichen

Die Bezugs-Strichlinie kann sowohl oberhalb als auch unterhalb der Bezugs-Voll-Linie platziert werden. Als Pfeilseite wird die Seite des Stoßes bezeichnet, auf die die Pfeillinie gerichtet ist. Die dieser Seite gegenüber liegende Seite heißt Gegenseite. Steht das Sinnbild für die Schweißnaht auf der Seite der Bezugs-Voll-Linie, so liegt die Schweißnaht auf der Pfeilseite. Steht das Sinnbild für die Schweißnaht auf der Seite der Bezugs-Strichlinie, dann liegt die Schweißnaht auf der Gegenseite (Bild 13.2).

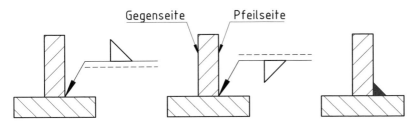

Sinnbild der Naht liegt auf der Seite der Bezugs-Voll-Linie

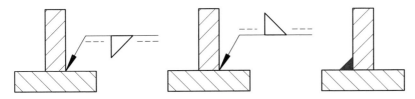

Sinnbild der Naht liegt auf der Seite der Bezugs-Strichlinie

Bild 13.2: Lage des Sinnbildes der Schweißnaht

Die Bezugs-Strichlinie wird weggelassen, wenn es sich um beidseitig angeordnete, symmetrische Schweißnähte handelt (z. B. X-Naht, Tafel 13.1). Normalerweise ist die Richtung der Pfeillinie relativ zur Schweißnaht bedeutungslos. Liegen allerdings unsymmetrische Schweißnähte vor, so muss die Pfeillinie zu dem Bauteil hinweisen, an dem die Fuge vorbereitet wird (Bild 13.3).

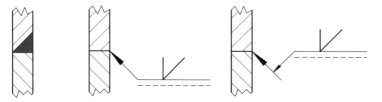

Bild 13.3: Relative Lage der Pfeillinie bei unsymmetrischer Naht (hier: HV-Naht)

Die Dicke der Naht (hier: 5 mm) wird links vom Schweißnahtsymbol angegeben. Rechts davon stehen Hinweise zu Nahtlängen und zur Nahtanordnung (Bild 13.4). Ist dort keine Angabe zu finden, verläuft die Naht ununterbrochen über der ganzen Länge.

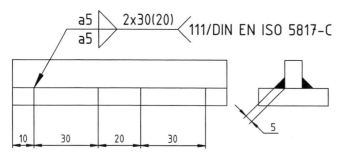

Bild 13.4: Angabe von Dicke der Naht und Nahtlänge

Alle weiteren Angaben zur Spezifizierung der Schweißnaht befinden sich rechts neben der Gabel des Bezugszeichens. Sind derartige Angaben nicht vorgesehen, entfällt die Gabel am Bezugszeichen. Die nach Bild 13.4 auf Pfeil- und Gegenseite anzufertigenden vier Kehlnähte beginnen im Abstand von 10 mm von den linken Bauteilkanten, haben eine Länge von 30 mm bei einem Abstand von 20 mm. Die rechts von der Gabel angegebene Kennzahl 111 besagt, dass die Schweißnähte mittels Lichtbogenhandschweißen ausgeführt werden sollen. Weiterhin ist die Bewertungsgruppe C nach DIN EN ISO 5817 zugrunde zu legen.

Normen zu Kapitel 13

DIN EN 22553   Schweiß- und Lötnähte
                      Symbolische Darstellung in Zeichnungen
DIN EN ISO 5817   Bewertungsgruppen von Schweißverbindungen

A-1 Zeichnungsarten, Zeichnungsformate, Schriftfelder

A-1/1 Zeichnungsarten

Nach DIN 199-1 gibt es eine Vielzahl von Zeichnungsarten. Auf die im Maschinenbau gebräuchlichsten soll hier eingegangen werden.

Mit in der Regel freihändig erstellten **Skizzen** werden Zeichnungen bezeichnet, mit denen erste Ideen einer Maschine, einer Baugruppe oder eines einzelnen Bauteils zu Papier gebracht werden. Meist werden mit Skizzen nur deren wesentliche Merkmale verdeutlicht, um z. B. in Besprechungen eine verständliche Unterlage als Diskussionsgrundlage präsentieren zu können. Skizzen können unter Einhaltung eines Maßstabes aber auch unmaßstäblich angefertigt werden.

Skizzen bilden oftmals die Basis für die weiteren gestalterischen Arbeiten. Diese fließen in eine **Entwurfszeichnung** ein, die maßstäblich und heutzutage mittels CAD erstellt werden sollte. Mit der Entwurfszeichnung wird meist die gesamte Maschine oder Baugruppe unter Beachtung der darstellerischen Regeln des technischen Zeichnens (Ansichten, Schnittdarstellungen) zur Anschauung gebracht. In Besprechungen bieten die von der Konstruktionsabteilung vorgelegten Entwurfszeichnungen den aus anderen Abteilungen hinzugezogenen Fachleuten (z. B. aus Arbeitsvorbereitung, Fertigung, Qualitätssicherung) die Möglichkeit von Anregungen zur weiteren Ausgestaltung und Verbesserung des Entwurfs. Dieser Prozess wiederholt sich meist mehrfach, bis eine als endgültig zu betrachtende Entwurfszeichnung vorliegt, auf deren Grundlage weitere wichtige Entscheidungen getroffen werden können. So lassen sich in diesem Stadium insbesondere die Kosten für die Herstellung des Produktes, aber auch die Kosten und der Zeitrahmen für die weitere Anfertigung aller technischen Zeichnungen und sonstigen erforderlichen technischen Unterlagen abschätzend ermitteln. Bei Genehmigung zur Fortführung der Arbeiten werden auf der Grundlage der letztgültigen Entwurfszeichnung die Gesamtzeichnung und die Fertigungszeichnungen der Bauteile angefertigt.

Die **Gesamtzeichnung** ist die Zeichnung, die eine Maschine oder eine ihrer Baugruppen im zusammengebauten Zustand vollständig darstellt. Aus ihr müssen die Anordnung und das Zusammenwirken aller einzelnen Bauteile klar ersichtlich sein. In der Gesamtzeichnung wird jedes einzelne Bauteil mit einer Positionsnummer versehen, die sich in den zugehörenden Stücklisten (siehe Anhang A-2) als Ordnungsmerkmal wiederfindet. Hinzu kommen Eintragungen von Haupt- und Anschlussmaßen. Nur wenige Hauptmaße (z. B. Breite und Höhe der Maschine) sollen den von der Maschine einzunehmenden Platzbedarf verdeutlichen. Mit den Anschlussmaßen werden die Abmessungen von Bauteilen in der Gesamtzeichnung gekennzeichnet, die wichtig für die Verbindung mit anderen Maschinen sind. So sollte beispielsweise der Durchmesser des Wellenendes eines Turboverdichters als Anschlussmaß eingetragen werden, damit der Betreiber des Verdichters für den Zukauf der Wellenkupplung das korrekte Maß des Innendurchmessers des Kupplungsflansches kennt.

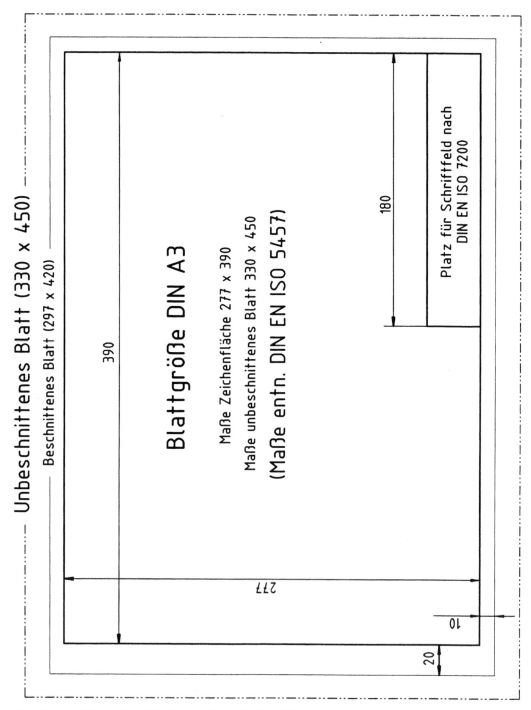

Bild A-1-1: Blattgröße DIN A3 mit Platz für Schriftfeld

Die Gesamtzeichnung bildet in der Regel die Basis für die Erstellung der **Zusammenbau-Zeichnung**, falls nicht bereits die Gesamtzeichnung der Maschine oder Baugruppe für deren Zusammenbau ausreichend ist.

Eine **Einzelteilzeichnung** ist eine Zeichnung, die ein Einzelteil ohne räumliche Zuordnung zu anderen Bauteilen darstellt.

Mit **Fertigungszeichnung** wird eine Zeichnung bezeichnet, in der in einem genormten Maßstab ein einzelnes Bauteil nach den für technische Zeichnungen gültigen Regeln (Normen) dargestellt ist. Die Fertigungszeichnung muss alle für die Fertigung und Qualitätskontrolle erforderlichen Informationen enthalten. Es ist dabei besonders auf die vollständige Bemaßung, die Angaben zur Oberflächenbeschaffenheit, zum Zustand der Kanten und – falls aus Gründen der Funktion erforderlich – auf die Angaben von Form- und Lagetoleranzen zu achten. Im Schriftfeld (siehe Anhang A1/3) der Fertigungszeichnung sind weitere Angaben vorzunehmen.

Hinweis: In **Anhang A-4** und **Anhang A-5** sind praxisgerechte Beispiele für Gesamtzeichnungen und Fertigungszeichnungen zu finden.

A-1/2   Zeichnungsformate

Die Formate der Blattgrößen für technische Zeichnungen sind nach DIN EN ISO 5457 genormt. Bild A-1-1 zeigt als Beispiel die Blattgröße DIN A3.

Die Maße für die Zeichenflächen der Blattgrößen DIN A4 bis DIN A0 sind nach DIN EN ISO 5457 wie folgt genormt: DIN A4: 180×277, DIN A3: 277×390, DIN A2: 400×564, DIN A1: 574×811 und DIN A0: 821×1159. Die Format-Maße der beschnittenen und unbeschnittenen Bögen können aus Tabelle 1 der DIN EN ISO 5457 entnommen werden.

Das zu jeder normgerecht gestalteten technischen Zeichnung gehörende Schriftfeld wird stets in der rechten unteren Ecke der Zeichenfläche angeordnet, unabhängig davon, ob das jeweilige Blatt hoch- oder querformatig genutzt wird.

A-1/3   Schriftfelder

Die Gestaltung von Schriftfeldern regelt seit 2004 die DIN EN ISO 7200. Bild A-1-2 zeigt beispielhaft ein nach dieser Norm für maschinenbautechnische Zeichnungen gestaltetes Schriftfeld mit Eintragungen, auf die nachfolgend eingegangen wird.

1: Name der Firma, Gesellschaft oder Unternehmen

2: Für die Erstellung der Zeichnung verantwortliche Abteilung. Es wird das Abteilungskurzzeichen eingetragen.

3: Name der Person, die für Rückfragen zu der Zeichnung als Ansprechpartner fungiert

4: Name der Person, die für die Erstellung der Zeichnung zuständig ist bzw. diese überarbeitet (geändert) hat

A-1 Zeichnungsarten, Zeichnungsformate, Schriftfelder

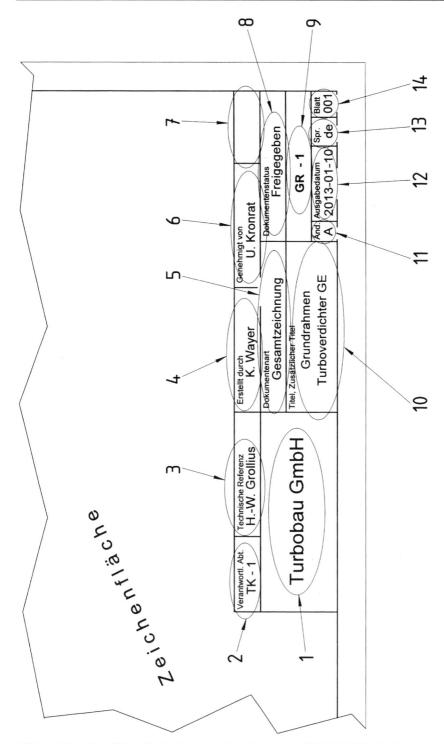

Bild A-1-2: Schriftfeld für technische Zeichnungen DIN EN ISO 7200

5: Angabe der Zeichnungsart

6: Name der Person, die die Zeichnung genehmigt hat

7: Freies Feld, das bei Bedarf für weitere Angaben genutzt werden kann

8: Der Dokumentenstatus gibt Auskunft darüber, an welcher Stelle im Lebenszyklus sich die Zeichnung gerade befindet. Die Kennzeichnung kann durch „In Bearbeitung", „Freigegeben", „Zurückgezogen" etc. erfolgen.

9: Zeichnungsnummer (wird firmenspezifisch festgelegt)

10: Titel der Zeichnung

11: Änderungsindex, mit dem unterschiedliche Versionen der Zeichnung dokumentiert werden

12: Datum der offiziellen Freigabe der Zeichnung

13: Sprachkennzeichen (genormt nach ISO 639)

14: Anzahl der Blätter

Bild A-1-3 zeigt das Grundschriftfeld nach der zurückgezogenen DIN 6771, das von Firmen des Maschinenbaus weiterhin zur Anwendung kommt. Die wichtigsten Eintragungen werden nachfolgend erläutert.

1: Die in der Zeichnung angegebenen Symbole zur Angabe der Beschaffenheit der Bauteiloberflächen richten sich nach DIN EN ISO 1302.

2: Als Tolerierungsgrundsatz soll das nach DIN ISO 8015 genormte Unabhängigkeitsprinzip angewendet werden (siehe Kapitel 10). Es fordert die Einhaltung aller in der Zeichnung angegebenen Maßtoleranzen und der Form- und Lagetoleranzen.

3: Als Allgemeintoleranzen sind die nach DIN ISO 2768 genormten Toleranzen zu verwenden. Der Buchstabe m weist darauf hin, dass die Toleranzklasse „mittel" zugrunde zu legen ist; mit dem Buchstaben H wird auf die zu verwendende Toleranzklasse der Allgemeintoleranzen für Form und Lage hingewiesen.

4: Die in der Zeichnung angegebenen Symbole zur Angabe der Beschaffenheit der Werkstückkanten richten sich nach DIN ISO 13715 (siehe Kapitel 12).

5: Angabe des für die Zeichnung verwendeten Maßstabes

6: Angabe des Werkstoffes, aus dem das Bauteil herzustellen ist

7: Angabe des Gewichts des Bauteils (wird meist weggelassen)

8: Bauteilname

9: Blattnummer und Anzahl der insgesamt vorliegenden Zeichnungen zur Darstellung einer Baugruppe oder einer kompletten Maschine.

10: Zeichnungsnummer (wird firmenspezifisch festgelegt)

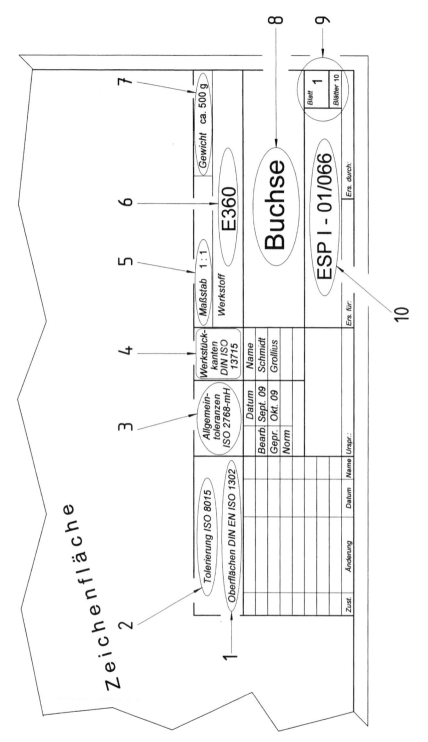

Bild A-1-3: Grundschriftfeld für Zeichnungen nach der zurückgezogenen DIN 6771

Die Tabelle in der linken unteren Ecke des Schriftfeldes dient zur Erfassung des Änderungszustandes der Zeichnung. Jede Zeichnung ist nach ihrer Fertigstellung mit Datum und Unterschrift des Bearbeiters und des Prüfers zu versehen.

Hinweis: Die Gestaltung der Schriftfelder für technische Zeichnungen wird von Maschinenbauunternehmen sehr unterschiedlich gehandhabt. Die DIN EN ISO 7200 lässt dies ausdrücklich zu. Für die Breite des Schriftfeldes ist für alle Zeichnungsformate das Maß 180 mm einzuhalten (die Höhe wird durch die Norm nicht festgelegt).

A-2 Stücklisten

Zu den Aufgaben der Konstruktionsabteilung eines Maschinenbaubetriebes gehört es, neben der Anfertigung aller für die Herstellung einer Maschine benötigten technischen Zeichnungen auch die dazu gehörende **Stückliste** bereitzustellen. Das ist eine spalten- und zeilenförmig strukturierte Tabelle, in die alle Teile einer Maschine oder Baugruppe – auch Norm- und Kaufteile – namentlich der Reihe nach aufgeführt und spezifiziert werden. Die Reihenfolge, nach der die Teile in der Stückliste aufgeführt werden, bestimmt die Positionsnummer. Damit ist jedes Teil in der Gesamtzeichnung bzw. in der Baugruppenzeichnung gekennzeichnet. Stücklisten sind nach DIN 6771-2 genormt. Danach gibt es die Stücklistenformen A und B. Die Form B hat mehr Spalten als die Form A. Hier wird auf die Stückliste der Form A (Bild A-2-1) eingegangen, da diese im Maschinenbau vorwiegend Verwendung findet.

1	2	3	4	5	6
Pos.	Menge	Einheit	Benennung	Sachnummer/Norm - Kurzbezeichnung	Bemerkung

Bild A-2-1: Stücklistenform A nach DIN 6771-2

Die Stückliste der Form A ist im DIN A4-Hochformat gestaltet. Am oberen Rand befinden sich die Spaltenüberschriften.

Heutzutage wird vorwiegend das Verfahren der „losen Stückliste" angewendet. Darunter versteht man eine aus mehreren Blättern bestehende Stückliste. Die Anzahl der Blätter richtet sich nach der Anzahl der durch die Positionsnummern gekennzeichneten Teile. Bei aus vielen Teilen bestehenden Maschinen kann so die Anzahl der Stücklisten-Blätter äußerst umfangreich sein.

Auf die in der Konstruktionsabteilung computerunterstützt angefertigten Stücklisten und die darin enthaltenen Informationen können alle Abteilungen des Unternehmens zurückgreifen, die auf diese Informationen für ihre Arbeit angewiesen sind. So kann beispielsweise die Abteilung Einkauf basierend auf den in der Stückliste stehenden Angaben die Bestellung der für die Fertigbearbeitung der Bauteile benötigten Rohstoffe und die Bestellung aller Norm- und Kaufteile vornehmen. Ggf. auch für den Kunden relevante Daten können

A-2 Stücklisten

der Stückliste entnommen und diesem zur Verfügung gestellt werden. Dies macht deutlich, dass dem Konstrukteur hinsichtlich der Präzision der in der Stückliste zu machenden Angaben eine hohe Verantwortung zukommt: Fehler in der Stückliste führen zu Fehlbestellungen und Missverständnissen beim Kunden. Damit sind unnötige Kosten und u. U. eine Überschreitung des Liefertermins verbunden.

Das Verfahren der „aufgesetzten Stückliste" kann angewendet werden, wenn Maschinen, Vorrichtungen, etc. nur aus wenigen Bauteilen bestehen. Bei diesem Verfahren wird in der Gesamtzeichnung die Stückliste auf das Schriftfeld aufgesetzt. Die Spaltenüberschriften befinden sich dann unten und die Füllung der Stückliste beginnt mit dem Bauteil der Positionsnummer 1 von unten.

Die Tafeln A-2-1 bis A-2-3 zeigen die zum Schwenkantrieb (siehe Anhang A-4) gehörende Stückliste (Form A), die aus insgesamt drei Blättern besteht. Bei jedem Blatt dieser Stückliste ist unten ein Teil des Schriftfeldes nach Bild A-1-2 angefügt.

In dieser Stückliste sind alle Teile aufgelistet, die für das Produkt „Schwenkantrieb" benötigt werden. Die mit den Positionsnummern 1 bis 16 gekennzeichneten Teile sind Bauteile, die nach technischen Zeichnungen angefertigt werden müssen. Die durch Normen festgelegten Teile (Normteile) haben die Positionsnummern 20 bis 31. Die mit den Positionsnummern 35 bis 52 versehenen Teile sind Kaufteile. Zwischen den einzelnen Teilegruppen sind freie Zeilen vorhanden, um im Bedarfsfall noch weitere Teile – z. B. bei einer eventuellen Konstruktionsänderung – hinzufügen zu können. Zu den Kaufteilen gehören auch die mit den Positionsnummern 51 und 52 gekennzeichneten Teile (Öl und Fett). Auch solche Teile (Hilfsstoffe) sind in der Stückliste aufzunehmen, da sie zugekauft (bestellt) werden müssen und ohne sie der Betrieb des Schwenkantriebes nicht möglich ist.

Die Stückliste zum Schwenkantrieb macht deutlich, dass sich für die einzelnen Teile die Zeilenhöhe nach den in der jeweiligen Zeile unterzubringenden Informationen richtet. So steht beispielsweise in der Zeile Position 50 (Potentiometer) in der Spalte 5 untereinander angeordnet Drahtpoti 1K (VISHAY) Bestellnummer: 429260. Die Zeilenhöhe richtet sich nach dem erforderlichen Platzbedarf.

Tafel A-2: Stückliste „Schwenkantrieb", Blatt 1

1	2	3	4	5	6
Pos.	Menge	Einheit	Benennung	Sachnummer/Norm - Kurzbezeichnung	Bemerkung
1	1	Stck	Gehäuse	ESP-I/01	
2	1	Stck	Zahnradrohr	ESP-I/02 42CrMo4 Φ180 x 300	
3	1	Stck	Grundplatte	ESP-I/03 S355J2G3 Φ280 x 70	
4	2	Stck	Kolbenrohr	ESP-I/04 HP-Rohr Φ63 x Φ78 x 300 St 52 bk+s	Fa. SCHIERLE
5	1	Stck	Zahnstange	ESP-I/05 42CrMo4 Φ70 x 450	Fa. TERJUNG
6	2	Stck	Kolben	ESP-I/06 PAN-SoBz10 Φ66 x 45	Fa. PAN-METALLGES.
7	1	Stck	Platte	ESP-I/07 S355J2G3 Φ400 x 20	
8	1	Stck	Deckel	ESP-I/08 S235JRG2 Φ260 x 8	
9	1	Stck	Führungsrohr	ESP-I/09 S235JRG2 Φ101,6/16 x 160	DIN EN 10220
10	1	Stck	Innenrohr	ESP-I/10 S235JRG2 Φ82,5/4,5 x 270	DIN EN 10220
11	1	Stck	Ventildeckel (rechts)	ESP-I/11 X5CrNi18-10 Φ100 x 28	DIN EN 10088-3
12	1	Stck	Ventildeckel (links)	ESP-I/12 X5CrNi18-10 Φ100 x 28	DIN EN 10088-3
13	1	Stck	Zahnrad (groß)	ESP-I/13 S355JRG2 Φ219,1/40 x 18	DIN EN 10220

Tafel A-2: Stückliste „Schwenkantrieb", Blatt 2

Pos.	Menge	Einheit	Benennung	Sachnummer/Norm - Kurzbezeichnung	Bemerkung
14	1	Stck	Kupplung	ESP-I/14 CuZn31Si1 Ø20 x 25	
15	1	Stck	Potihalter	ESP-I/15 X20Cr13 50 x 50 x 40	DIN EN 10088-3
16	1	Stck	Potiabdeckplatte	ESP-I/16 X20Cr13 100 x 80 x 10	DIN EN 10088-3
17					
18					
19					
20	14	Stck	Sechskantschraube	M16 x 50-8.8	DIN EN ISO 4017
21	14	Stck	Unterlegscheibe	16-200HV	DIN EN ISO 7090
22	12	Stck	Zylinderschraube	M12 x 65-8.8	DIN EN ISO 4014
23	8	Stck	Zylinderschraube	M6 x 180-12.9	DIN EN ISO 4762
24	12	Stck	Zylinderschraube	M6 x 16-8.8	DIN 7984
25	4	Stck	Zylinderschraube	M6 x 20-8.8	DIN EN ISO 4762
26	8	Stck	Zylinderschraube	M5 x 10-8.8	DIN EN ISO 4762
27	2	Stck	Zylinderschraube	M5 x 16-8.8	DIN EN ISO 4762
28	2	Stck	Zylinderschraube	M3 x 5-8.8	DIN EN ISO 1207
29	1	Stck	Zylinderschraube	M8 x 25-8.8	DIN EN ISO 4762
30	2	Stck	Kegelstift	6 x 50	ISO 8736
31	2	Stck	Spannstift	5 x 20	ISO 13337
32					
33					
34					

Tafel A-2: Stückliste „Schwenkantrieb", Blatt 3

Pos.	Menge	Einheit	Benennung	Sachnummer/Norm - Kurzbezeichnung	Bemerkung
35	1	Stck	Rillenkugellager	150/225/35	Fa. SKF 6030
36	1	Stck	Rillenkugellager	130/200/33	Fa. SKF 6026
37	1	Stck	Axial-Rillenkugellg.	100/135/25	Fa. SKF 51120
38	1	Stck	Ölschauglas	GN 743-11-M16x1,5-A	Fa. GANTER
39	1	Stck	Verschlußschraube	GN 741-22-M16x1,5-OS-1	Fa. GANTER
40	1	Stck	NILOS-Ring	Rillenkugellager 6030	Fa. ZILLER
41	2	Stck	Nutmutter	KM 4 (M20 x 1)	Fa. SKF
42	2	Stck	Sicherungsblech	MB 4 (d = 20)	Fa. SKF
43	1	Stck	Dichtung (V-Seal)	TWVL02500	Fa. BUSAK+ SHAMBAN
44	2	Stck	O-Ring (80x3)	OR3008000	Fa. BUSAK+ SHAMBAN
45	1	Stck	O-Ring (203x3)	OR3020300	Fa. BUSAK+ SHAMBAN
46	2	Stck	O-Ring (22x2)	OR2002200	Fa. BUSAK+ SHAMBAN
47	2	Stck	O-Ring (67x2,5)	OR2506700	Fa. BUSAK+ SHAMBAN
48	2	Stck	Kolbendichtung	PCB 0D0600-NCRO	Fa. BUSAK+ SHAMBAN
49	1	Stck	Zahnrad (klein)	Artikelnummer: 28301500	Fa. MÄDLER
50	1	Stck	Potentiometer	Drahtpoti 1K (VISHAY) Bestellnummer: 429260	Fa. CONRAD
51			Öl	FINA BIOHYDRAN SE	Fa. WIEMANN
52			Fett	Acron OS3 (400g/l)	Fa. DEA

A-3 Linienarten, Schriftgrößen, Gestaltung von Symbolen

A-3/1 Linienarten

Vielfältige Hinweise auf die zu verwendenden Linienarten sind in DIN EN ISO 128-20 bis ISO 128-22 und in DIN EN ISO 128-24 zu finden. Tafel A-3-1 zeigt zusammengefasst die in der Praxis des Technischen Zeichnens bevorzugt verwendeten Linienarten mit Angaben der Linienbreiten.

Tafel A-3-1: Linienarten mit Linienbreiten

Linienart	Linienbreiten			
Voll-Linie, breit —————— Sichtbare Kanten und Umrisse, Grenze der nutzbaren Gewindelänge, Schnittpfeillinien, Gewindespitzen	0,35	0,5	0,7	1,0
Strichlinie, breit — — — — — Kennzeichnug des oder der Bereiche eines Bauteils, die oberflächenbehandelt werden (z. B. Wärmebehandlung)	0,35	0,5	0,7	1,0
Strichpunktlinie, breit —·—·—·— Kennzeichnung begrenzter Bereiche (z. B. Wärmebehandlung), Kennzeichnung von Schnittlinien	0,35	0,5	0,7	1,0
Voll-Linie, schmal —————— Maß- und Maßhilfslinien, Hinweis- und Bezugslinien, kurze Mittellinien, Schraffuren, Gewindegrund, Diagonalkreuze, u. a.	0,18	0,25	0,35	0,5
Strichlinie, schmal — — — — — Unsichtbare Kanten und Umrisse	0,18	0,25	0,35	0,5
Strichpunktlinie, schmal —·—·—·— Mittellinien, Symmetrielinien, Lochkreise und Teilkreise von Verzahnungen	0,18	0,25	0,35	0,5
Strich-Zweipunktlinie, schmal —··—··— Umrisse benachbarter Teile und von Fertigteilen in Rohteilen, Endstellungen beweglicher Teile, Projizierte Toleranzzone, u. a.	0,18	0,25	0,35	0,5
Zickzacklinie, schmal ⟋\⟋\⟋ Vorzugsweise mit CAD dargestellte Begrenzung von Teil- oder unterbrochenen Ansichten und Schnitten (Begrenzung ist keine Symmetrie- oder Mittellinie)	0,18	0,25	0,35	0,5
Freihandlinie, schmal ∿∿∿ Vorzugsweise manuell dargestellte Begrenzung von Teil- oder unterbrochenen Ansichten und Schnitten (Begrenzung ist keine Symmetrie- oder Mittellinie)	0,18	0,25	0,35	0,5

Tafel A-3-1 ist zu entnehmen, dass für das Erstellen technischer Zeichnungen nur zwei Linienbreiten vorgesehen sind. Für die häufig verwendeten Zeichnungsformate A4, A3 und A2 ist die Liniengruppe 0,5/0,25 empfehlenswert. Bei den größeren Zeichnungsformaten A1 und A0 wird die Liniengruppe 0,7/0,35 empfohlen. Die Liniengruppen 0,35/0,18 bzw. 1,0/0,5 werden eher selten verwendet.

Hinweis: Abweichend von der Norm soll hier die Empfehlung ausgesprochen werden, Schraffuren von Schnittflächen mit der nächst kleineren Linienbreite auszuführen. Beispielweise ist bei Verwendung der Liniengruppe 0,5/0,25 als Linienbreite für Schraffuren die Linienbreite 0,18 zu empfehlen. Die Schnittflächen treten so optisch weniger stark hervor, was nach Meinung des Autors das Gesamtbild der Zeichnung verbessert.

A-3/2 Schriftgrößen

Tafel A-3-2 gibt Empfehlungen für die Verwendung von Schriftgrößen bei den Zeichnungsformaten A0 bis A4. Gekoppelt an die jeweilige Schriftgröße ist die Linienbreite. So wird beispielsweise bei der Erstellung einer A2-Zeichnung für das Schreiben des Bauteilnamens im Schriftfeld die Schriftgröße 7 empfohlen. Die zu wählende Linienbreite für die Buchstaben ist dann 0,7 (Bild A-3-1).

Tafel A-3-2: Empfohlene Schriftgrößen

	Zeichnungsformate			
	A0 und A1		A2, A3 und A4	
	Schrift-größe	Linien-breite	Schrift-größe	Linien-breite
Zeichnungsnummern, Bauteilnamen	10	1	7	0,7
Nennmaße, Texte	5	0,5	3,5	0,35
Toleranzen, Angabe von Rauheiten	3,5	0,35	2,5	0,25

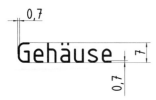

Bild A-3-1: Zur Verdeutlichung von Schriftgröße und Linienbreite

A-3/3 Gestaltung von Symbolen

Tafel A-3-3 zeigt einige in technischen Zeichnungen häufig verwendete Symbole. Die angegebenen Maße gelten für die Schriftgröße 3,5. Die Symboleintragungen sind als Beispiele zu betrachten.

Tafel A-3-3: In technischen Zeichnungen häufig verwendete Symbole

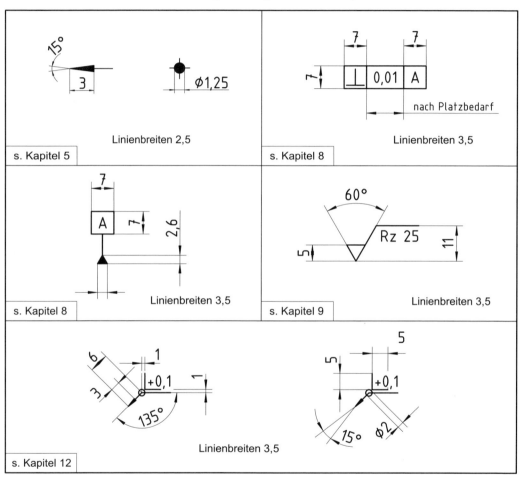

A-4 Praxisbeispiel Schwenkantrieb

Mit den Bildern A-4-1 bis A-4-12 werden technische Zeichnungen eines hydraulisch betriebenen Schwenkantriebes in praxisgerechter Form geboten. Sein Aufbau und seine Funktionsweise sollen nachfolgend erläutert werden.

Bild A-4-1 zeigt den Schwenkantrieb in Vorderansicht, Seitenansicht im Schnitt, Draufsicht und im Schnitt C–C. In dieser Gesamtzeichnung fehlen aus Gründen der Übersichtlichkeit die Schraffurlinien der Schnittflächen. Die Bilder A-4-2 bis A-4-5 zeigen Vorderansicht, Seitenansicht im Schnitt, Draufsicht und Schnitt C–C des Schwenkantriebes in vergrößerter Darstellung mit den Schraffurlinien der Schnittflächen.

Aufbau und Funktionsweise: An der Zahnstange (5) sind an beiden Enden mit Dichtungen (48) bestückte Kolben (6) angebracht, die über Nutmuttern (41) mit Sicherungsblechen (42) gegen Verdrehen und axiales Verschieben gesichert sind. Die Zahnstange bewegt sich im Kolbenrohr (4) nach rechts, wenn über den mit Kanälen versehenen Ventildeckel (12) das von einer Hydropumpe geförderte Öl zugeführt wird. Die Zahnstange greift mit ihrer Verzahnung in die Verzahnung des Zahnradrohres (2) ein, so dass dieses in Drehung versetzt wird. Das Zahnradrohr ist in zwei Rillenkugellagern (35, 36) gelagert, die sich mit ihren Außenringen am Gehäuse (1) abstützen. Zur Aufnahme der Axialbelastung dient ein Axial-Rillenkugellager (37). Das Zahnradrohr trägt am seinem oberen Ende eine über Sechskantschrauben (20) befestigte Platte (7), an der weitere Aufbauten angebracht werden können. Die Grundplatte (3) ist mit dem Gehäuse verschraubt. In der Mitte der Grundplatte befindet sich das über O-Ringe (44) abgedichtete Innenrohr (10), das das Auslaufen von Öl (50) aus dem Innern des Schwenkantriebes verhindert. Das Öl dient zur Schmierung der beiden unteren Lager und der im Eingriff stehenden Verzahnungen von Zahnstange und Zahnradrohr. Das obere Rillenkugellager wird mit Fett (52) geschmiert. Am Zahnradrohr ist ein Zahnrad (13) befestigt, das mit seiner Verzahnung in die Verzahnung eines kleinen Zahnrades (49) eingreift. Das kleine Zahnrad sitzt am Ende der Welle eines Potentiometers (15). Bei Drehung des Zahnradrohres dreht sich so auch die Potentiometer-Welle, von deren Umfangsstellung die Größe einer Gleichspannung abhängt. So kann in Abhängigkeit der Schwenkposition der oben befindlichen Platte die Potentiometer-Spannung an einen Mikrocontroller zur weiteren Verarbeitung und Steuerung des Schwenkantriebes übergeben werden.

Die Bilder A-4-6 bis A-4-12 zeigen die wichtigsten Fertigungszeichnungen des Schwenkantriebes. Alle Zeichnungen verzichten auf Zeichnungsrahmen und Schriftfeld.

A-4 Praxisbeispiel Schwenkantrieb

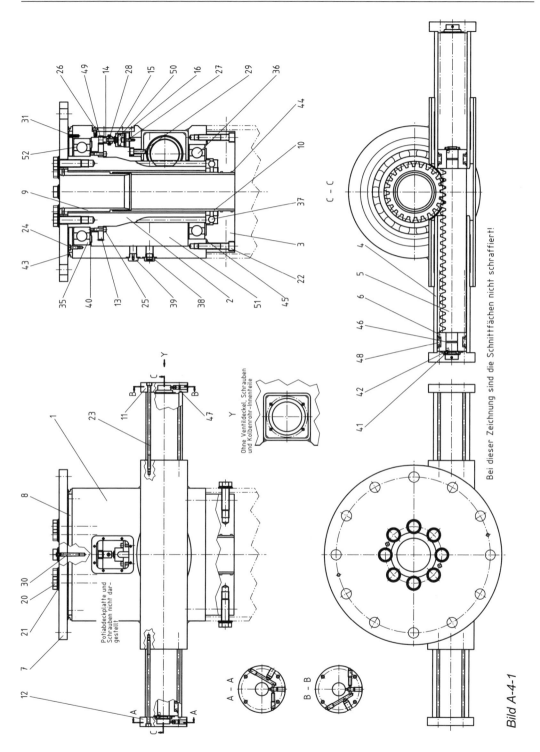

Bild A-4-1

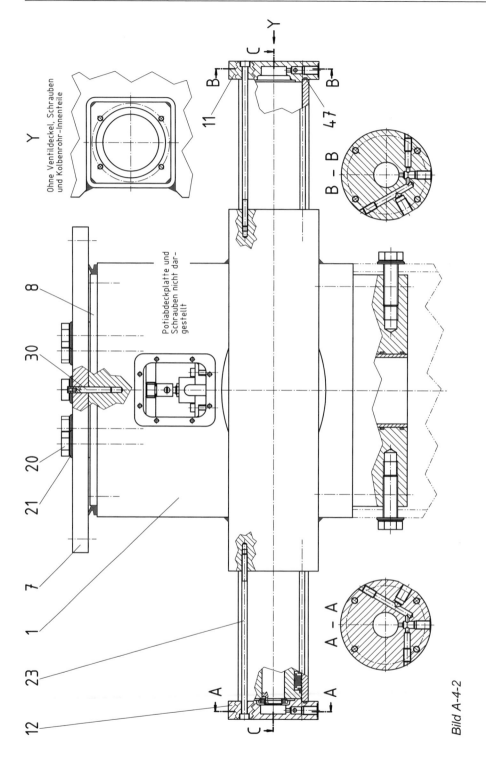

Bild A-4-2

A-4 Praxisbeispiel Schwenkantrieb

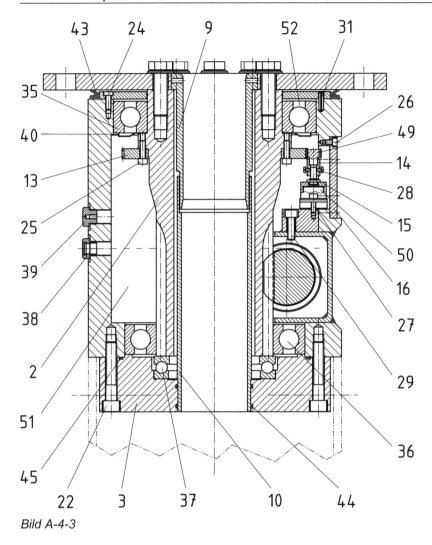

Bild A-4-3

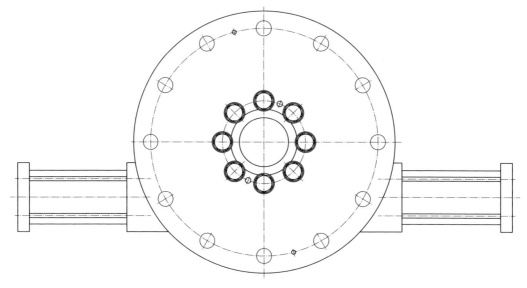

Bild A-4-4

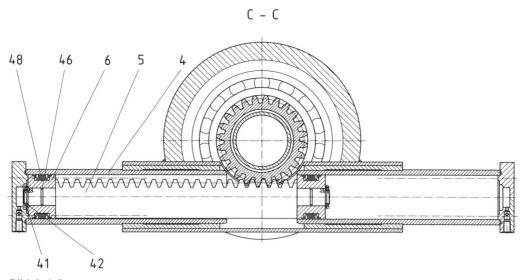

C − C

48 46 6 5 4

41 42

Bild A-4-5

A-4 Praxisbeispiel Schwenkantrieb

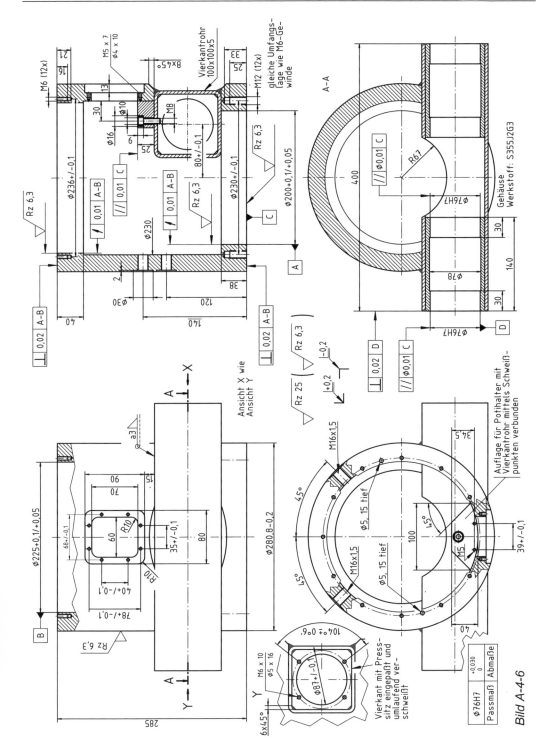

Bild A-4-6

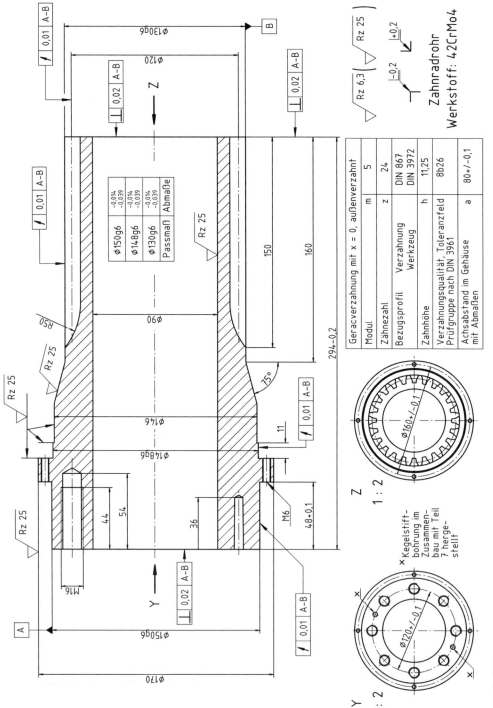

Bild A-4-7

A-4 Praxisbeispiel Schwenkantrieb

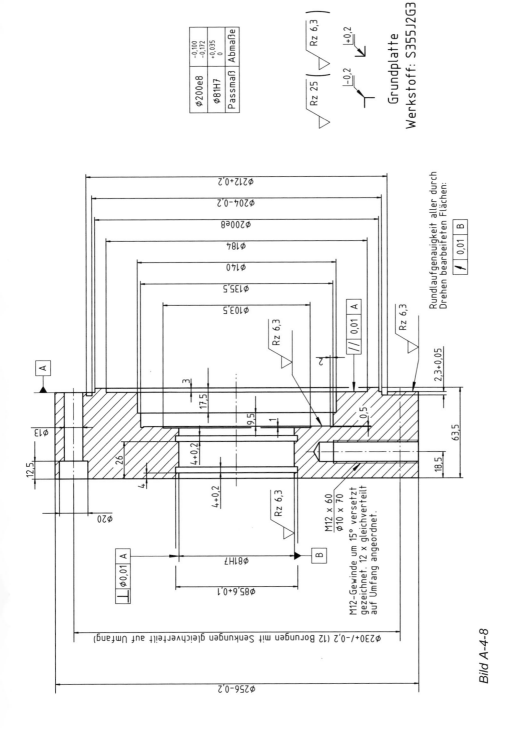

Bild A-4-8

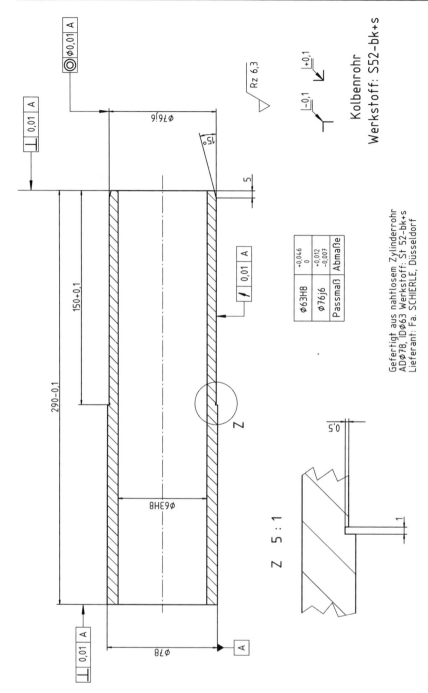

Bild A-4-9

A-4 Praxisbeispiel Schwenkantrieb

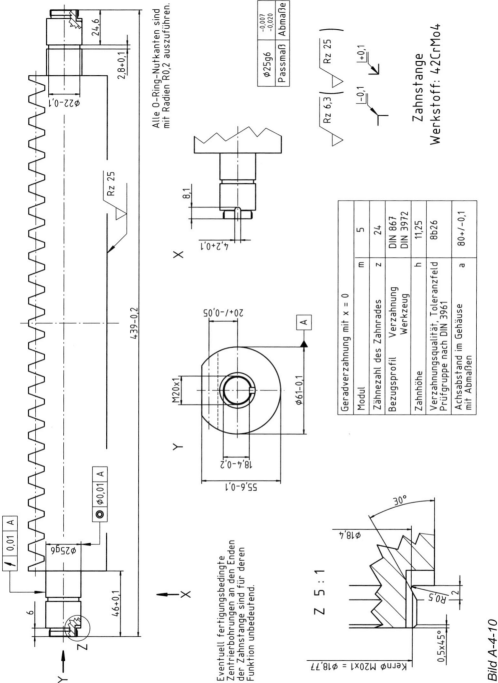

Bild A-4-10

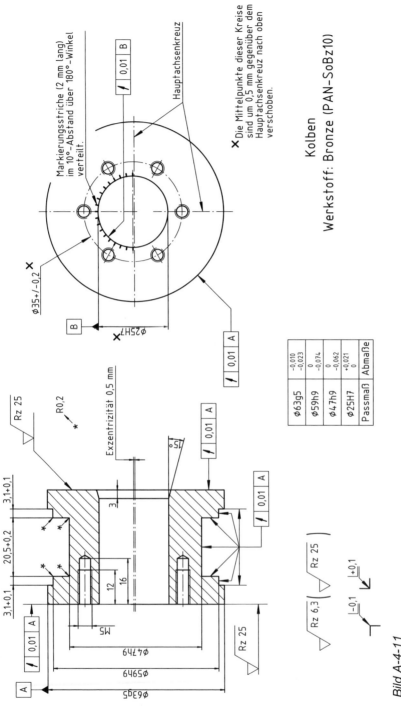

Bild A-4-11

A-4 Praxisbeispiel Schwenkantrieb

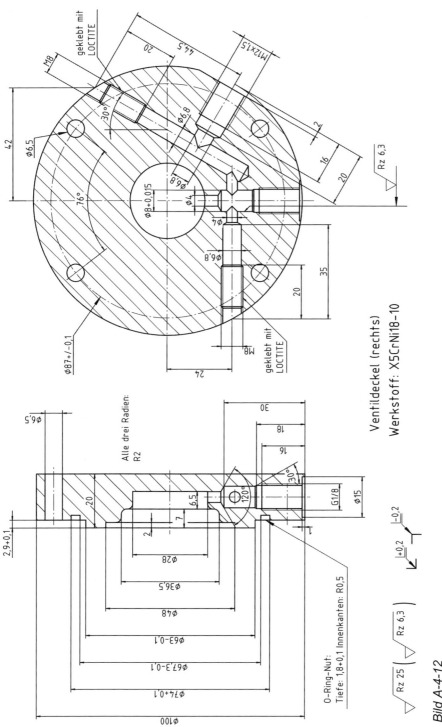

Bild A-4-12

A-5 Praxisbeispiel Schleifvorrichtung

Das von der Schleifvorrichtung aufzunehmende Werkstück ist in Bild A-5-1 dargestellt.

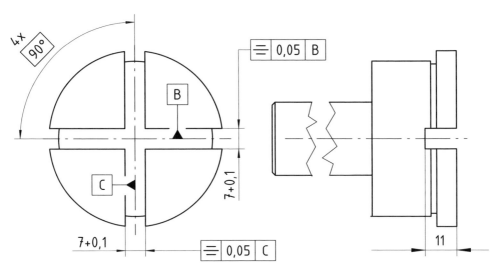

Bild A-5-1: Von der Schleifvorrichtung aufzunehmendes Werkstück

Mit den Bildern A-5-2 bis A-5-12 werden, beginnend mit der Gesamtzeichnung der Schleifvorrichtung, weitere technische Zeichnungen als Fertigungszeichnungen, nach denen die Fertigung der Bauteile möglich ist, vorgestellt.

Funktionsweise: Zunächst wird das Werkstück mit seinem linksseitigen Zapfen bis zur Anlage in die Aufnahmebohrung des Werkstückhalters (1) eingeschoben und durch Anziehen der vorher gelösten Spannmutter (3) festgesetzt. Dann erfolgt im 1. Arbeitsgang das Schleifen zweier gegenüberliegender Nuten. Für die Fertigung des nächsten Nutpaares muss das Werkstück um 90° gedreht werden. Dazu wird der Hebel (6) betätigt, der den Riegel (5) ausrastet und somit das Verdrehen des im Werkstückhalter gespannten Werkstückes von Hand ermöglicht. Die Druckfeder (13) bewirkt das Einrasten des Riegels nach beendeter 90°-Drehung und gewährleistet damit die genaue Zuordnung der beiden Nutpaare (die Genauigkeit der Lage der Nutpaare zueinander ist in entscheidendem Maße abhängig von der Genauigkeit, mit der die geforderte 90°-Zuordnung der Nuten am Werkstückhalter realisiert werden kann). Nach Beendigung des 2. Arbeitsganges wird die Spannmutter gelöst und das mit den Nuten versehene Werkstück durch das nächste zu bearbeitende ersetzt.

A-5 Praxisbeispiel Schleifvorrichtung

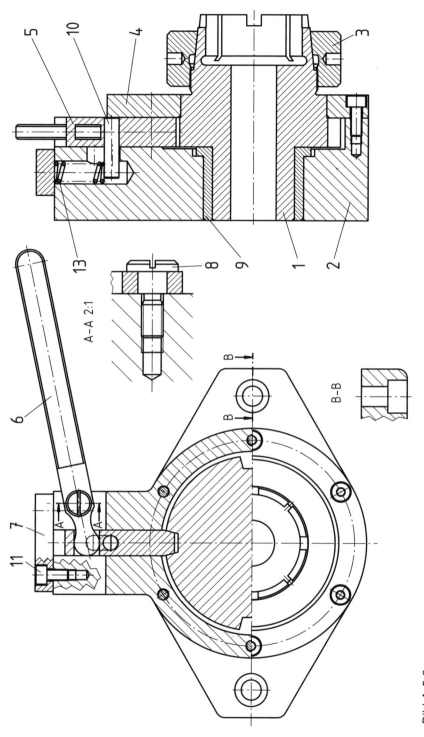

Bild A-5-2

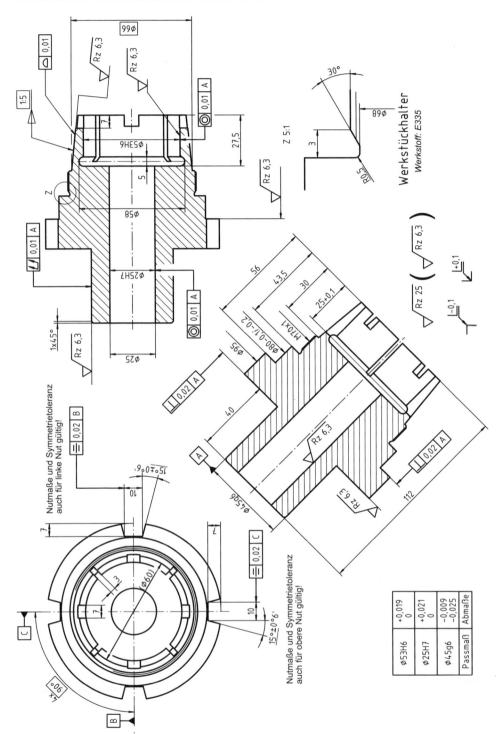

Bild A-5-3

A-5 Praxisbeispiel Schleifvorrichtung

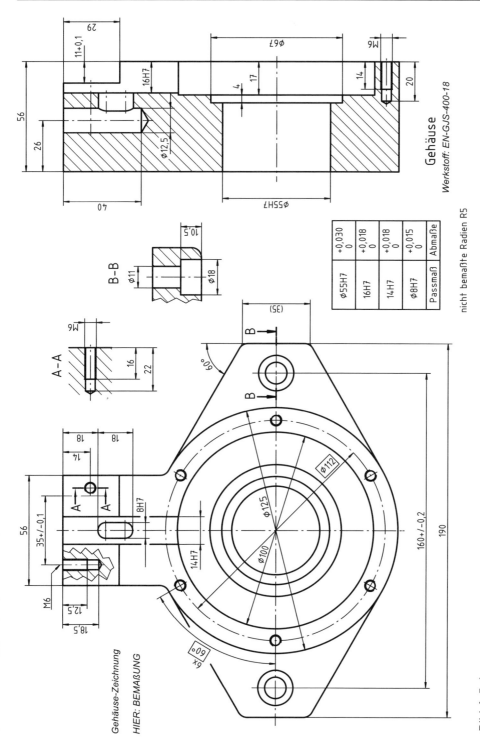

Bild A-5-4

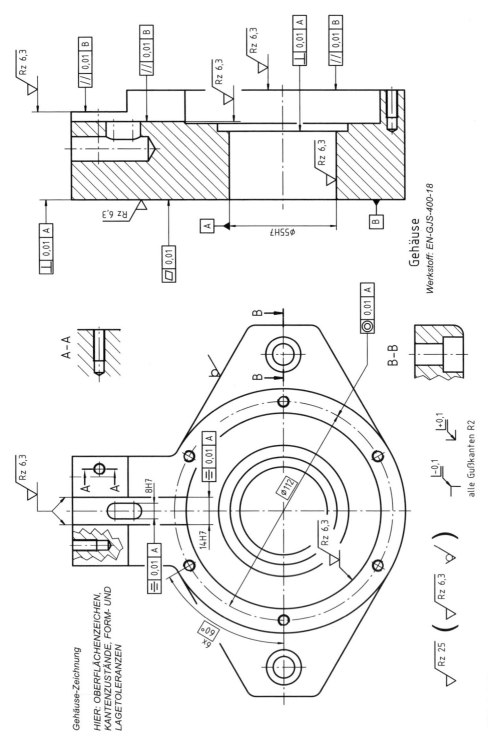

Bild A-5-5

A-5 Praxisbeispiel Schleifvorrichtung

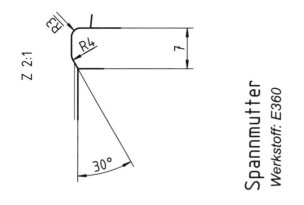

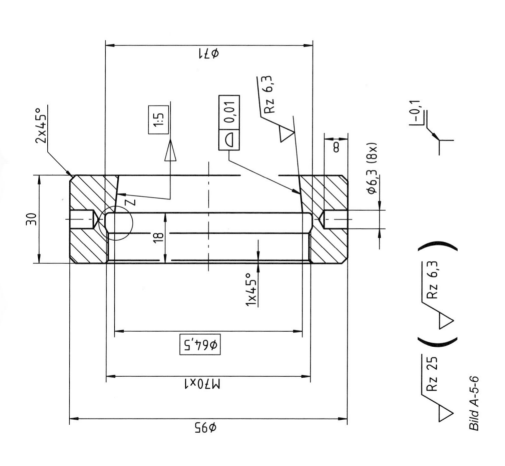

Bild A-5-6

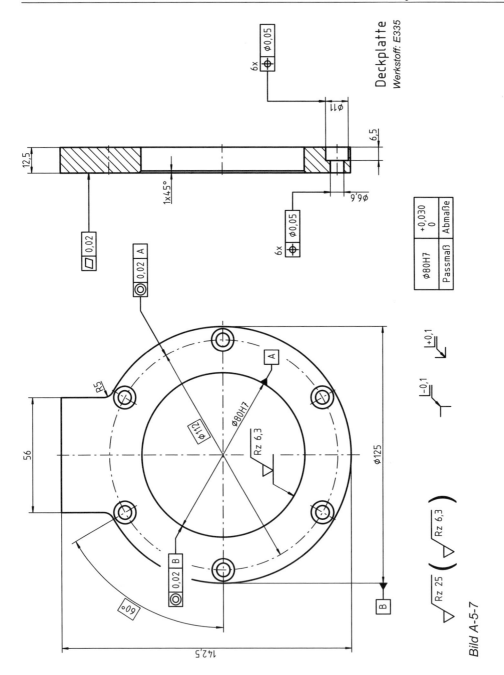

Bild A-5-7

A-5 Praxisbeispiel Schleifvorrichtung

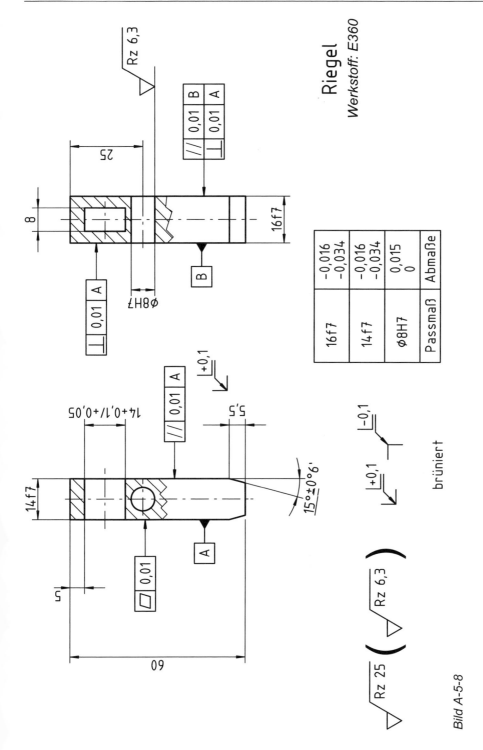

Bild A-5-8

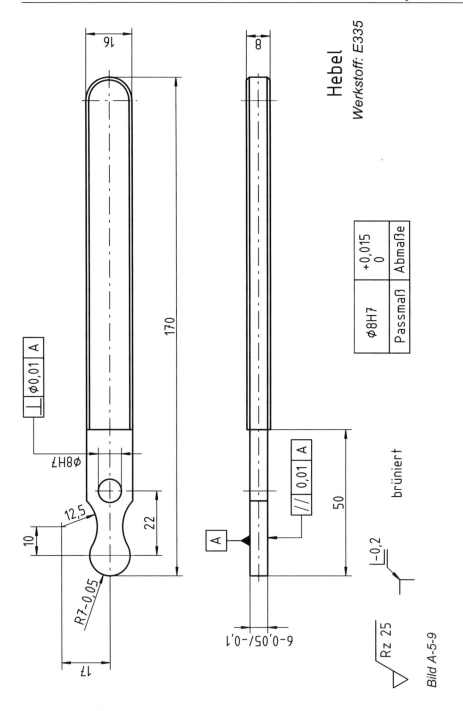

Bild A-5-9

A-5 Praxisbeispiel Schleifvorrichtung

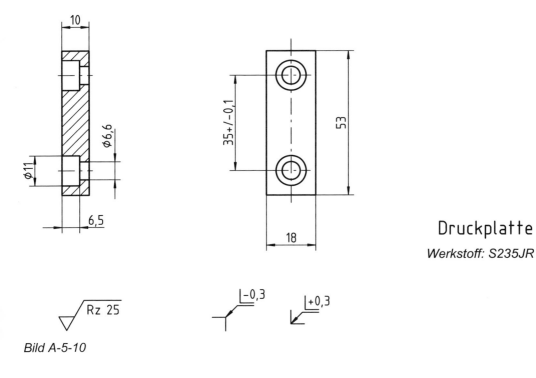

Druckplatte
Werkstoff: S235JR

Bild A-5-10

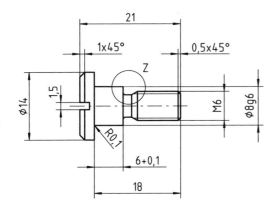

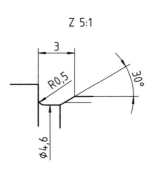

Hebelschraube
Werkstoff: E360

Passmaß	Abmaße
⌀8g6	−0,005 / −0,014

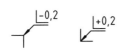

Bild A-5-11

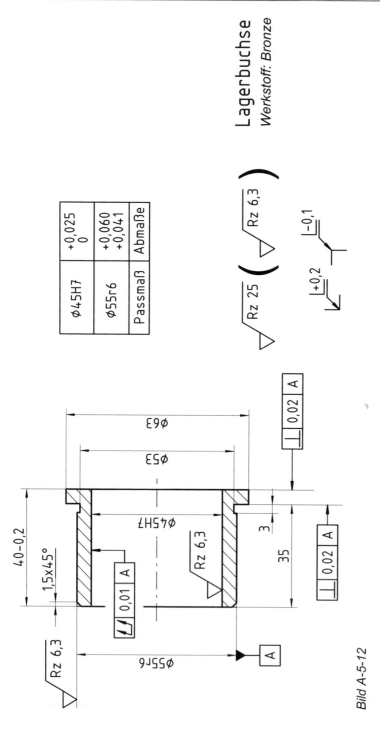

Bild A-5-12

Quellen und weiterführende Literatur

Bayer, W. K.: Technische Kommunikation, Technisches Zeichnen. Verlag Dr.-Ing. Paul Christiani GmbH & Co. KG, Konstanz

Conrad, K.-J.: Grundlagen der Konstruktionslehre, Methoden und Beispiele für den Maschinenbau. Carl Hanser Verlag, München

Decker, K.-H.: Maschinenelemente. Carl Hanser Verlag, München

Fucke, R., Kirch, K., Nickel, H.: Darstellende Geometrie für Ingenieure. Methoden und Beispiele. Carl Hanser Verlag, München

Heinler, M., e. a.: Tabellenbuch Metall. Verlag Europa-Lehrmittel, Nourney, Vollmer GmbH & Co., HaanGruiten

Hoenow, G., Meißner, T.: Entwerfen und Gestalten im Maschinenbau. Bauteile – Baugruppen – Maschinen. Carl Hanser Verlag, München

Hoischen, H., Hesser, W.: Technisches Zeichnen. Grundlagen, Normen, Beispiele, Darstellende Geometrie. Cornelsen Verlag Scriptor GmbH & Co. KG, Berlin

Jorden, W.: Form- und Lagetoleranzen. Carl Hanser Verlag, München

Klix, W.-D.: Konstruktive Geometrie darstellend und analytisch. Carl Hanser Verlag, München

Klein, M.: Einführung in die DIN-Normen. Hrsg.: DIN Deutsches Institut für Normung e.V., Vieweg + Teubner Verlag, Wiesbaden

Kurz, U., Hintzen, H., Laufenberg, H.: Konstruieren Gestalten Entwerfen. Ein Lehr- und Arbeitsbuch für das Studium der Konstruktionstechnik. Vieweg + Teubner Verlag, Wiesbaden

Kurz, U., Wittel, H.: Böttcher/Forberg Technisches Zeichnen. Grundlagen, Normung, Darstellende Geometrie und Übungen. Vieweg + Teubner Verlag, Wiesbaden

Muhs, D., e. a.: Roloff/Matek Maschinenelemente. Normung, Berechnung, Gestaltung. Vieweg + Teubner Verlag, Wiesbaden

Muhs, D., e. a.: Roloff/Matek Maschinenelemente. Tabellen. Vieweg + Teubner Verlag, Wiesbaden

Labisch, S., Weber, C.: Technisches Zeichnen. Intensiv und effektiv lernen und üben. Vieweg + Teubner Verlag, Wiesbaden

Schönemann, E.: ISO-Toleranztabellen für Nennmaße 1 bis 500 mm nach DIN ISO 286. Herausgeber: DIN Deutsches Institut für Normung e. V.

Trumpold, H., Beck, Ch., Richter, G.: Toleranzsysteme und Toleranzdesign – Qualität im Austauschbau. Carl Hanser Verlag, München Wien

Sachwortverzeichnis

Abknicklinie 23
Abmaß 62
Abtragung 129 f.
Abtragungsrichtung 134
Allgemeintoleranz 72, 95
Amplitudenkenngröße 101
Ansicht 11
Außengewinde 53
Außenmaß 64
Außenpassfläche 121
Außenteil 66

Bauteil mit Symmetrieachse 29
–, Darstellung von 16
–, kegel- oder keilförmiges 29
–, nicht geschnitten dargestelltes 27
Bauteilbereich, schräg liegender 32
Bearbeitungszugabe 108
Bemaßung 34
– mit Hinweislinien 49
– mittels theoretisch genauer Maße 50
– von Bögen 45 f.
– von Drehteilen 36
– von Durchmessern 44
– von Fasen und Senkungen 46
– von Frästeilen 37
– von Gewinden 53
– von Kegeln 41
– von Kugeln 45
– von Neigung und Verjüngung 39
– von Nuten 49
– von Radius und Durchmesser 42
– von Schlitzen 43
– von Teilungen 47
Berührung mehrerer Bauteil-Schnittflächen 25
Blattgröße 142
Bohrung, auf Lochkreis angeordnete 30
Bruchdarstellung 28
Bruchkante 28
Bruchlinie 20

CEN 10
Cut-off 101

Darstellung mittels Schnitten 19
–, isometrisch (räumliche) 16
Darstellungsmethode 11

Deutsches Institut für Normung e. V. 10
DIN 10
Draufsicht 13
Drehteil 36

Ebenheit 30, 74
Ebenheitstoleranz 74
Einzelmessstrecke 101
Einzelteilzeichnung 143
Elemente der Maßeintragung 35
Entwurfszeichnung 141
Europäisches Komitee für Normung 10

Fase 46
Fertigungsschritt, Andeutung eines 32
Fertigungszeichnung 143
Flächenform 75
Form- und Lagetoleranz 72
Formabweichung 100
Formtoleranz 72 f.
Frästeil 37
Freihandlinie 20
Freistich 32
Führungsplatte 67

Gegenseite 139
Geradheit 73
Geradheitstoleranz 73
Gesamtlauf 76, 92
Gesamtplanlauftoleranz 92
Gesamtrundlauftoleranz 92
Gesamtzeichnung 141
Gestaltabweichung 100
Getriebewelle 36
– mit Passfeder 25
Gewinde 53, 59
– im montierten Zustand 54
–, mehrgängiges 60
Gewindefreistich 59
Grat 129
Gratrichtung 134
Grenzabmaß 70, 135
Grenzmaß 62
Grenzwellenlänge 101

Halbschnitt 20
Hauptansicht A 11

Hervorheben von Einzelheiten 31
Höchstmaß 62
– der Innenpassfläche 124
Höchstmaß-Bohrung 64
Höchstmaß-Welle 64
Höchstpassung 122
Höchstspiel 122, 124
Höchstübermaß 123
Hüllbedingung 115

Innengewinde 54
Innenmaß 64
Innenpassfläche 121
Innensechskantschraube mit Sacklochgewinde 55
Innenteil 66
International Organization for Standardization 10
ISO 10
ISO-Toleranzklasse 64 ff.
Istabmaß 62
Istmaß 62

Kante, umlaufende 131
Kantenart 136
–, Beispiel für 137
Kantenmaß 135
Kantenzustand 129
– für begrenzte Bereiche 131
–, Angabe des 132
–, Sammelangabe des 132
Kegelverjüngung 41
Kenngröße 101
Kennzeichnung ebener Flächen 30
Koaxialitätstoleranz 119
– einer Achse zu einer Bezugsachse 118
Konzentrizität 76, 88, 89
Konzentrizitätstoleranz einer Achse 89
– eines Punktes 88
Kreisformabweichung 97
Kupplungsflansch 29

Lagetoleranz 76, 77
Lasche 33
Lauf 76, 91
Lauftoleranz 76, 91
Linienart 153
Linienbreite 153, 154
Linienform 75
Lochkreis 31
LSC 96

Maß 36
Maßeintragung, Arten der 51
–, funktionsbezogene 34
Maßhilfslinie 36
Maßlinie 36
–, abgeknickte 43
Maßtoleranz 63, 67
Maßtoleranz-Bohrung 64
Maßtoleranz-Welle 64
Maßzahl 36
Maximum-Material-Bedingung 115
Maximum-Material-Maß 116
max-Regel 106
MCC 96
MIC 96
Mindestmaß 62
– der Außenpassfläche 124
Mindestpassung 122
Mindestspiel 121 f.
Mindestübermaß 123
Mittellinie 20
MZC 96

Nahtform 138
Neigung 39, 83 ff.
Neigungssymbol 39
Neigungstoleranz einer Fläche zu einer Bezugsfläche 85
– einer Fläche zu einer Bezugslinie 85
– einer Linie zu einer Bezugsfläche 84
– einer Linie zu einer Bezugslinie 83, 84
Neigungswinkel 76
Nennmaß 62, 67
Normen 10
Null-Linie 63
Nut 49
Nutmutter 57 f.

Oberfläche, geometrische 100
Oberflächenangabe 109
– bei auf Drehmaschinen hergestellten Bauteilen 110
– bei prismatischen Flächen 111
–, vereinfachte Zeichnungseintragung von 111
Oberflächenbeschaffenheit 100, 105
–, Angabe der 109
Oberflächenprofil 100
Oberflächenrille 108
Oberflächensymbol 109
– bei eingeschränkten Platzverhältnissen 112
– für einen bestimmten Bereich 112
Ortstoleranz 76, 86

Sachwortverzeichnis

Parallelität 76 ff.
– einer Fläche zu einer Bezugsfläche 80
Parallelitätstoleranz 77
– einer Fläche zu einer Bezugslinie 79
– einer Linie zu einer Bezugslinie 78 f.
Passfederverbindung 49
Pass-System 126
Passtoleranz 122, 125
Passung 121
Passungsauswahl 126
Pfeillinie 140
Pfeilmethode 15
Pfeilseite 139
Planlauftoleranz 91
Platzmangel 45
Position 76, 86 ff.
Positionstoleranz einer ebenen Fläche oder einer Mittelebene 88
– einer Linie 86 f.
– eines Punktes 86
P-Profil 101
Primärprofil 101
Profilformtoleranz 75
Projektionsmethode 1 11, 16
Projektionsmethode 3 13
Prüfmaß 51

Radius 42
Rauheit 100
Rauheitskenngröße 103
Rauheitsprofil 101
Rechtwinkligkeit 76, 80 ff.
Rechtwinkligkeitstoleranz einer Achse zu einer Bezugsebene 117
– einer Fläche zu einer Bezugsfläche 83
– einer Fläche zu einer Bezugslinie 82
– einer Linie zu einer Bezugsfläche 81 f.
– einer Linie zu einer Bezugslinie 80
16-%-Regel 106
Richtungstoleranz 76 f.
Riegel 9, 38
Rohr und Gewindeflansch 57
R-Profil 101
Rückansicht 13
Rundheit 74
Rundheitsabweichung 97
–, Ermittlung der 96
Rundheitstoleranz 74
Rundlauftoleranz 91
Rundung 42

Sacklochgewinde 55 f.
Sammelangabe 132 f.
Schnittdarstellung, Besonderheit bei 22
Schnittebene, gedrehte 24
–, parallel versetzte 23
Schnittlinie 21
Schnittverlauf 20
Schraffur 19
– der Randbereiche 27
–, gleichgerichtete 26
–, unterschiedlich gerichtete 26
Schraffurlinie 26
–, Lage der 26
Schraffurwinkel 26
Schriftart 34
Schriftart B 35
Schriftfeld 143
Schriftgröße 154
Schweißstoß 139
Schweißverbindung 138
Schwenkantrieb 150, 156
Sechskantmutter 54
Sechskantschraube mit Sechskantmutter 54
Seitenansicht 13
Senkrechtkenngröße 101, 103
Senkung 47
Sicherungsblech 58
Sinnbild, Lage des 139
Skizze 141
Spezifizierung von Kantenzuständen, Grundsymbol zur 130
Spielpassung 121, 127
Stiftschraube mit Sacklochgewinde 56
Stückliste 148
–, aufgesetzte 149
Stücklistenform A 148
Symbol 93, 104
–, Gestaltung von 155
– für Formtoleranzen 93
– für Lagetoleranzen 94
Symmetrie 76, 89 f.
Symmetrieeigenschaften, Ausnutzung von 110
Symmetrietoleranz einer Linie oder einer Achse 90
– einer Mittelebene 89

Teilschnitt 20
Toleranzbegriff 63
Toleranz für Form und Lage 72
– für Maße 62
Toleranzfeld 63

Toleranzgrenze 107
Toleranzrahmen 72
Toleranzzone 72
–, projizierte 97
Tolerierungsprinzip 114
Trennlinie 20

Übergang 130
Übergangspassung 124, 128
Übermaßpassung 121, 123, 128
Übertragungscharakteristik 106
Unabhängigkeitsprinzip 114

Verjüngung 39
Vollschnitt 20
Vorderansicht 11

Waagerechtkenngröße 103
Welligkeit 100
Werkstückkante 129
Winkel-Nennmaß 67
Winkel-Toleranz 68

Zahnscheibe 57
Zeichnung, technische 9
Zeichnungsart 141
Zeichnungsformat 143
Zusammenbau-Zeichnung 143
Zylinderform 74
Zylinderformtoleranz 74